GUNNAR FRIEGE / KLAUS MIE / GUNTER LIND

PHYSIK MIT PFIFF

AF886883

PRAXIS-Schriftenreihe · Abteilung Physik · Band 65
Herausgeber: StD Max-Ulrich Farber

Physik mit Pfiff

Aufgaben aus Physikolympiaden

Von
Gunnar Friege, Klaus Mie und Gunter Lind

AULIS VERLAG

Bibliografische Information der Deutschen Nationalibliothek

Die Deutsche Nationalbibliothek verzeichnet diese Publikation in der Deutschen Nationalbibliografie; detaillierte bibliografische Daten sind im Internet über <http://dnb.d-nb.de> abrufbar.

Das vorliegende Werk wurde sorgfältig erarbeitet. Dennoch übernehmen Autoren, Herausgeber und Verlag für die Richtigkeit von Angaben, Hinweisen und Ratschlägen sowie für eventuelle Druckfehler keine Haftung.
Das Werk und seine Bestandteile sind urheberrechtlich geschützt. Jede vollständige oder teilweise Vervielfältigung, Verbreitung und Veröffentlichung bedarf der ausdrücklichen Genehmigung des Verlages.

Best.-Nr. A302821
© Alle Rechte bei Aulis Verlag in der Stark Verlagsgesellschaft 2011
ISSN 0938-5517
ISBN 978-3-7614-2821-4

Inhaltsverzeichnis

Vorwort

Die Aufgaben der vorliegenden Sammlung sind im Rahmen des Auswahlverfahrens für die Internationale Physikolympiade entstanden. Sie sind deutlich leichter als die Aufgaben der Internationalen Olympiade, verfügen aber bereits einige ihrer Charakteristika. Deshalb eignen sie sich – ganz gerade heraus – als Trainings- und Übungsfeld für angehende Physikolympioniken.

Darüber hinaus glauben wir, dass dieser von uns für die Physikolympiade entwickelte Aufgabentyp wertvolle Impulse und Anregungen für den regulären Unterricht gibt. Das gilt für die theoretischen und erst recht für die experimentellen Aufgaben. Das Besondere der Aufgaben ergibt sich aus ihrer Funktion im Rahmen des vierstufigen Auswahlverfahrens für die Internationale Physikolympiade. Die theoretischen Aufgaben dieser Sammlung haben wir in den vergangenen Jahren in der ersten Runde als Hausaufgaben gestellt. Mit ihnen wollten wir werben und die wirklich guten Schülerinnen und Schüler für den Wettbewerb gewinnen. Da die Teilnahme am Wettbewerb freiwillig ist, muss ein gewisser Reiz von den Aufgaben ausgehen. Sind sie zu leicht, dann bieten sie für die Leistungsstärksten zu wenig Chancen sich auszuzeichnen. Sehen sie nur nach Mühsal, Fleiß und Arbeit aus, dann locken sie nicht recht als Freizeitvergnügen. Und zu schwer dürfen sie natürlich auch nicht sein, jedenfalls nicht alle. Deshalb kommt in dieser Aufgabensammlung nur die klassische Physik vor.

Die Aufgaben haben unserer Meinung nach Witz und Finesse. Sie strahlen eine gewisse Leichtigkeit aus, ohne dass die Lösung auf Anhieb sichtbar wäre. Auch Nachschlagen und Erinnern führen nicht gleich zum Ziel. Die Schwierigkeiten liegen grundsätzlich nicht im mathematischen Anspruch, sondern im physikalischen Verständnis. Hier liegt ein wesentlicher Unterschied zu den typischen Übungsaufgaben an der Hochschule.

Die Aufgaben der ersten Runde stehen auf einem Plakat, das in der Schule über die Physikolympiade informiert. Geht ein Schüler oder eine Schülerin an so einem Olympiade-Plakat vorbei, so sollte er oder sie bei vielleicht zwei der vier Aufgaben sofort sehen, wie man sie wahrscheinlich lösen kann. Ist das geschafft, wendet er/sie sich – so hoffen wir – den schwierigeren Aufgaben zu.

Ist der Ehrgeiz dieser „Olympiade-Schüler“ erst einmal geweckt, können sie sich mit den Aufgaben des vorliegenden Sammelbandes auf die folgenden Auswahlrunden vorbereiten. Natürlich sollten sie dabei versuchen, die Aufgaben zunächst selbständig zu lösen, ehe sie danach anhand der

Musterlösungen kontrollieren, ob sie richtig gelegen haben oder wo ihr Fehler lag.

Für den normalen Oberstufen-Unterricht sind die meisten der Aufgaben zu schwierig, um sie weitgehend unvorbereitet als Hausaufgabe oder in einer Klausur zu stellen. Sie sind aber leicht genug, um eine von ihnen ins Zentrum einer Unterrichtsstunde zu rücken, z.B. zur Vertiefung eines Stoffgebietes. Die Schüler/innen versuchen dabei zunächst allein, in Partnerarbeit oder Gruppen, die Aufgabe selbständig zu lösen, stellen dann gezielt Fragen, wobei die Lehrerin/der Lehrer möglichst allgemein im Sinne einer Lösungsstrategie antwortet. Das Nachvollziehen der Musterlösungen durch die Schülerinnen und Schüler ist in der Regel lehrreich und zudem eine gute Klausurvorbereitung.

Auch im Studium ist das Lernen anhand von Aufgaben mit Musterlösungen eine bewährte Lernstrategie. Sie vermittelt die Fähigkeit, Wissen auf eine konkrete Situation anzuwenden. Wir glauben, dass die vorliegenden Aufgaben in den ersten Semestern eines Physikstudiums (Haupt- oder Nebenfach) sinnvoll in den Übungen und zur Klausur- sowie Prüfungsvorbereitung genutzt werden können. Der bereits erwähnte geringe mathematische Anspruch und das zum Lösen notwendige tiefe physikalische Verständnis erscheinen uns dabei besonders vorteilhaft.

Eine Besonderheit dieses Buches sind die experimentellen Aufgaben. Sie sind mit einem Sternchen * markiert.

Im Olympiade-Auswahlverfahren wurden sie in der zweiten Runde als experimentelle Hausaufgaben gestellt. Weil es Hausexperimente sind, werden keine typischen Laborgeräte, sondern im Wesentlichen haushaltsübliche Gegenstände als Experimentiermaterial verwendet.

Eventuell muss die Schule mit Stoppuhren und Thermometern aushelfen. Es dominieren Experimente zur Mechanik. Wärmelehre und Optik spielen eine geringere Rolle und Versuche zur Elektrizitätslehre kommen gar nicht vor, weil in der Regel zu Hause keine Messgeräte zur Verfügung stehen. Auch ohne den Einsatz von Labormaterialien sind die Aufgaben keineswegs leicht. Sie waren im Auswahlverfahren nicht weniger selektiv als die theoretischen Aufgaben. Das hat vor allem drei Gründe: Erstens waren die zu verwendenden Geräte nicht vorgegeben, mussten also selbst ausgewählt und beschafft werden. Zweitens musste die Theorie zur Auswertung des Experiments selbst gefunden und entwickelt werden. Und drittens war oft eine grobe quantitative Abschätzung der Messgenauigkeit gefordert.

Alle Experimente sind quantitativer Natur, laufen also auf die quantitative Auswertung von Messergebnissen hinaus. Das unterscheidet sie von den in der Literatur erwähnten „praktischen“ Hausaufgaben, die vorwiegend qualitativ und beschreibend sind.

Kann man solche Aufgaben im normalen Unterricht als Hausaufgabe von einer zur nächsten Stunde stellen? Wohl kaum. Selbst die fachlich sehr guten Olympiade-Schüler wendeten dafür mehrere Stunden auf. Denkbar sind sie als Semesterarbeiten oder, wenn die Theorie im Unterricht entwickelt worden ist, als Schülerexperiment im Unterricht oder als Messaufgabe für zu Hause. Die Messergebnisse der Schülerinnen und Schüler werden dabei miteinander verglichen und sie werden im Unterricht weiterverwendet. Das verleiht ihnen Sinn. Die relativ offene Aufgabenstellung bei den Experimenten hat zur Folge, dass es vielfältige Lösungen gibt. Die Vielfalt konnten wir aus Platzgründen leider nicht in die Musterlösungen aufnehmen. Die Mehrzahl unserer Schülerinnen und Schüler hat diese Freiheit beim Lösen einer Aufgabe sehr genossen!

Noch ein Wort zu den Quellen des Sammelbandes: Es liegt in der Natur des Wettbewerbes, dass die verwendeten Aufgaben originell und neu und in den gängigen Aufgabenbüchern nicht zu finden sind. Und doch haben wir nicht alle Aufgaben selbst erdacht. Eine ganze Reihe stammt aus den Olympiaden anderer Staaten und wurde uns von den Kollegen dort informell zur Verfügung gestellt. Deshalb wurde auf Quellenangaben verzichtet. Den Kollegen sei trotzdem an dieser Stelle herzlich für ihre Unterstützung gedankt. Weiterhin bedanken wir uns bei jenen, die durch ihre Computer-, Tipp- und Zeichenkünste dieses Buch erst möglich gemacht haben: Lars Berger, Henry Deising, Lorenz Groth, Matthias Grünwald, Jan Heidrich, Ulrike Hennig, Dr. Lea Lensment, Natalie Koberstein, Dr. Stefan Petersen, Silke Reichel, Kathrin von Seeler und Chanchal Suri.

Gunnar Friege und Klaus Mie

Sommer 2010

Aufgaben

1 Mechanik

1.1 Straßenverkehr

Während ein Auto sich einer Ampel nähert, springt sie von grün auf gelb. Der Fahrer hat jetzt zwei Möglichkeiten: Er kann weiterfahren (Annahme: mit konstanter Geschwindigkeit) und hoffen, dass er die Ampel passiert, ehe sie auf rot springt; oder er kann bremsen (Annahme: mit blockierenden Rädern) und hoffen, dass er vor der Ampel zum Stehen kommt.

a) Zeigen Sie, dass unter Umständen beides nicht möglich ist, so dass der Fahrer gegen die Verkehrsregeln verstoßen muss.

b) Wie lang muss die Gelbphase mindestens sein, damit der Fahrer sich bei jeder Geschwindigkeit regelgerecht verhalten kann? Die Entfernung des Autos zur Ampel, wenn diese auf gelb springt, sei 25 m und der Gleitreibungskoeffizient zwischen Reifen und Straße sei 0,5.

1.2 Rotierender Stab

Ein Stab der Länge $l = 10\,\text{cm}$ gleitet mit einer Geschwindigkeit von $v = 10\,\text{cm/s}$ auf einer ideal glatten, horizontalen Ebene und rotiert dabei mit der Winkelgeschwindigkeit ω. Anfangs befindet er sich im Abstand $L = 50\,\text{cm}$ vor einer Wand, steht parallel dazu und bewegt sich auf die Wand zu (siehe Skizze).

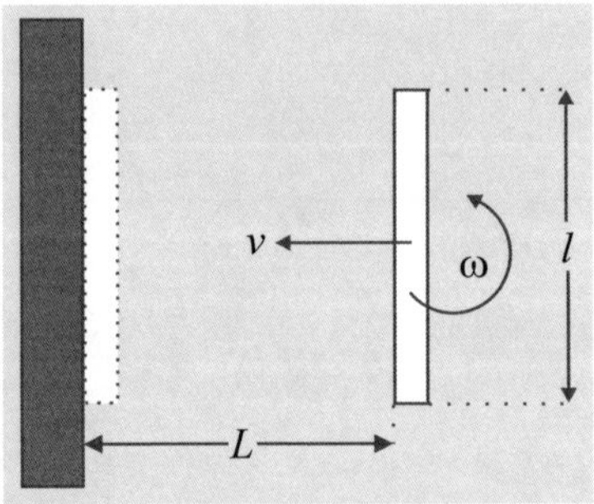

Bei welchen Winkelgeschwindigkeiten wird er flach auf die Wand auftreffen?

1.3 Sandkörner

Ein zylinderförmiges Gefäß mit dem Querschnitt $A = 200\,\text{cm}^2$ ist bis zu einer Höhe H mit Wasser gefüllt. Nun werden einige Eiswürfel, in denen kleine Sandkörner eingefroren sind, in das Gefäß gefüllt. Anfänglich schwimmen alle Eiswürfel auf der Wasseroberfläche und sie steigt um $H_1 = 10\,\text{cm}$. Mit der Zeit schmelzen alle Eiswürfel. Der Sand sinkt auf den Gefäßboden und die Wasseroberfläche sinkt relativ zum Maximalwert um $H_2 = 0{,}5\,\text{cm}$.

Bestimmen Sie die Masse des Eises und die Masse des Sandes.

Dichte Sand: $\varrho_{\text{Sand}} = 2500\,\text{kg/m}^3$, Dichte Wasser: $\varrho_{\text{H}_20} = 1000\,\text{kg/m}^3$.

Geben Sie möglichst zwei unterschiedliche Lösungswege an.

1.4 Schwimmendes Gefäß

Betrachten Sie die in der Abbildung dargestellte Anordnung. Ein zylindrisches Gefäß (Außendurchmesser d, Masse m) hat einen getrennten, aber fest anliegenden Boden (Dicke h, Masse M) und wird senkrecht in Wasser getaucht (siehe Skizze).

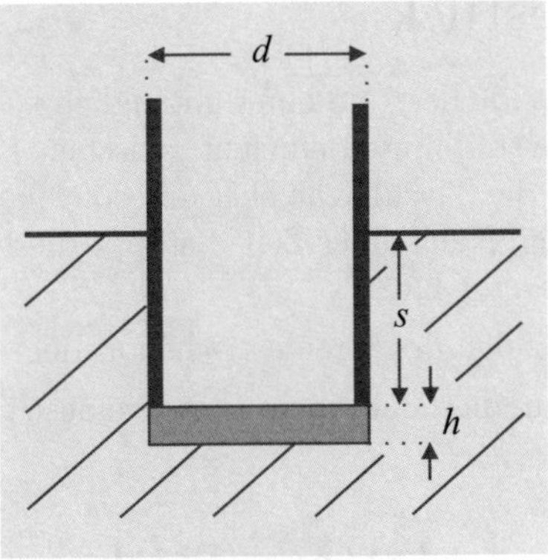

Wenn dafür gesorgt wird, dass das Gefäß nicht aus der senkrechten Lage kippt, schwimmt die Anordnung (Eintauchtiefe s). Es wird nun langsam und vorsichtig Wasser in das schwimmende Gefäß gegossen.

Was passiert mit dem Boden?

1.5 Fontäne

In Canberra (Australien) gibt es eine Fontäne, die Wasser bis in eine Höhe von 150 m spritzt. In jedem Moment befinden sich 6 m^3 Wasser in der Luft.

Wie groß muss die Leistung der Pumpe mindestens sein?

1.6 Würmer

Wom, Wim und Wam sind Würmer in einem Versuchslabor. Für ein Experiment befinden sie sich auf einer horizontalen Tischfläche. Zwischen ihnen besteht anfänglich jeweils ein Abstand von 50 cm. Wom kriecht nun stets in Richtung von Wim, Wim kriecht immer in Richtung von Wam und Wam kriecht immer auf Wom zu. Alle Würmer haben die gleiche Kriechgeschwindigkeit von 3,0 cm/min.

Wo und wann treffen sich die drei Würmer?

Wom, Wim und Wam können als sehr kleine Würmer angenommen werden.

1.7 Kreidestück

Ein kleines Stück Kreide liegt auf einer anfänglich ruhenden horizontalen Tischfläche. Der Gleitreibungskoeffizient zwischen Kreide und Tisch ist μ. Plötzlich beginnt die Tischfläche sich mit einer konstanten Geschwindigkeit v_0 zu bewegen. Nach einer Zeit τ stoppt diese Bewegung genauso abrupt, wie sie eingesetzt hat.

Bestimmen Sie die Länge des Kreidestrichs auf dem Tisch.

Sie können annehmen, dass der Abrieb des Kreidestücks vernachlässigbar klein ist.

1.8 Stab auf glattem Tisch

Ein Stab (Länge $2s$, dünn, homogen, starr) wird vertikal auf eine ideal glatte Tischplatte gestellt. Seinem oberen Ende erteilt man durch einen kurzen Schlag die horizontale Geschwindigkeit v_0.

Wie groß muss v_0 sein, damit das untere Ende des Stabes von der Tischplatte abhebt?

1.9 Bootstour

Ein Mann mit der Masse m sitzt an einem Ende eines im Wasser ruhenden Bootes mit der Masse M und der Länge L. Er erhebt sich, geht zum anderen Ende des Bootes und setzt sich dort wieder hin. Wie weit hat sich das Boot bewegt, nachdem das System wieder zur Ruhe gekommen ist? Betrachten Sie zwei Fälle:

a) Die Viskosität des Wassers wird als verschwindend klein angenommen.

b) Der Reibungswiderstand aufgrund der Viskosität sei proportional zur Geschwindigkeit des Bootes.

Vergleichen Sie die beiden Ergebnisse und diskutieren Sie qualitativ, wie sie miteinander vereinbar sind.

1.10 Hanteln

Zwei gleiche hantelförmige Körper bewegen sich auf einem Luftkissentisch mit gleichen Geschwindigkeiten v aufeinander zu, ohne zu rotieren (siehe Skizze). Die Hanteln bestehen aus zwei Punktmassen m, die mit einem masselosen Stab der Länge $2\,l$ verbunden sind.

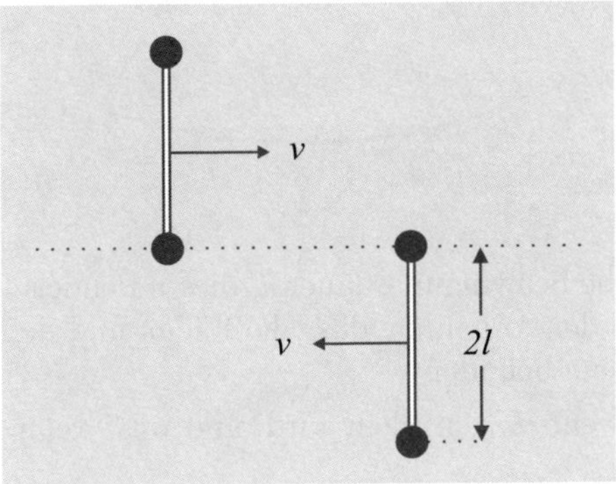

Die beiden Hanteln stoßen elastisch miteinander. Beschreiben Sie die Bewegung beider Hanteln nach dem Stoß. Skizzieren Sie das t-v -Diagramm der beiden Massenmittelpunkte.

1.11 Dichte eines Planeten

Kürzlich wurde in einem entfernten Sternsystem ein neuer, sehr dichter und kugelförmiger Planet ohne Atmosphäre entdeckt, der in 60 Minuten um seine Symmetrieachse rotiert.

Schätzen Sie die minimale Dichte dieses Planeten ab.

1.12 Physikalisches Pendel

Ein Kreisbogensegment aus Draht der Länge L und mit Krümmungsradius R ist an zwei nicht dehnbaren Fäden der Länge R und vernachlässigbarer Masse, wie in der Skizze gezeigt, aufgehängt.

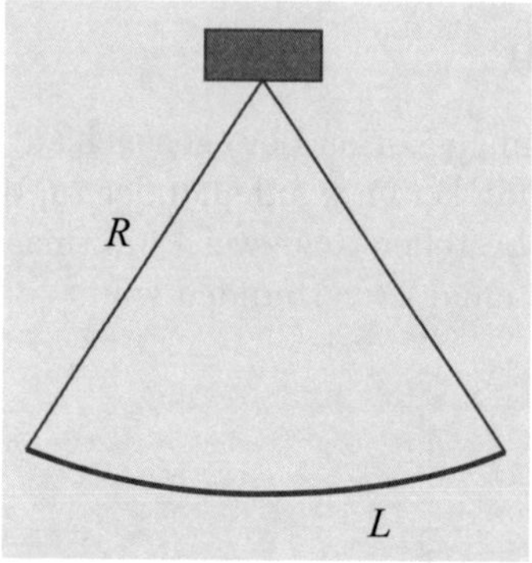

Bestimmen Sie die Schwingungsdauer T dieses Pendels für kleine Amplituden und unter der Annahme, dass die Fäden und der Draht sich stets in Zeichnungsebene befinden.

Was gilt für T, wenn L sehr klein wird, und was, wenn $L = 2\pi R$ gilt?

1.13 Modell des Sonnensystems

Betrachten Sie ein Modell des Sonnensystems, in dem alle Längen so verkleinert sind, dass die Erde einen Meter von der Sonne entfernt ist, während die Dichten der Himmelskörper unverändert sind. Bringen Sie das Modell an einen luft- und gravitationsfreien Ort und geben Sie allen Planeten die richtigen Impulse.

Wie lang ist das Jahr in diesem System?

1.14 Raumschiffmanöver

Ein Raumschiff nähert sich dem Mond auf einer parabolischen Flugbahn, die dem Mond sehr nahe kommt.

Am mondnächsten Punkt werden die Bremsraketen gezündet und das Raumschiff schwenkt auf eine kreisförmige Mondumlaufbahn ein, deren Radius mit dem Mondradius $R_M = 1{,}7 \cdot 10^6$ m gleichgesetzt werden kann.

Um welchen Betrag wird die Geschwindigkeit des Raumschiffes bei diesem Manöver geändert?

Fallbeschleunigung auf dem Mond: $g_M = 1{,}7\,\mathrm{m/s^2}$.

1.15 Rutschbahn

Ein Körper rutscht reibungsfrei entlang der Bahn ABC; ein dazu identischer Körper rutscht ebenfalls reibungsfrei entlang der Bahn ADC (siehe Skizze).

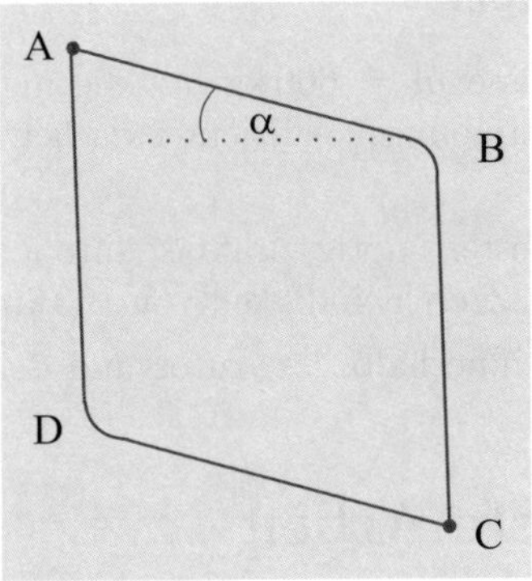

Die Bahnabschnitte AD und BC sind vertikal. In den Punkten B und D ist die Bahn leicht gekrümmt, so dass die Körper dort störungsfrei umgelenkt werden. Betrachten Sie den Fall, dass beide Körper zum Zeitpunkt $t = 0$ s mit einer Geschwindigkeit $v = 0$ m/s losgelassen wurden und dass alle Bahnabschnitte gleich lang sind (AD = DC = AB = BC = h).

Bestimmen Sie für beide Körper das Zeit-Geschwindigkeits-Diagramm für die Länge $h = 1$ m und den Winkel $\alpha = 20^\circ$.

Zeigen Sie, dass die Körper zu unterschiedlichen Zeitpunkten im Punkt C ankommen und lesen Sie aus den Diagrammen die Zeitdifferenz Δt ab.

1.16 Bungee Jumping

Ein 2 m großer Mann springt von der 42 m hohen Brücke in Kiel-Holtenau hinunter. Ein elastisches Bungee-Seil ist dabei mit einem Ende fest an der Brücke und mit dem anderen fest an seinen Füßen befestigt. Der stehende Mann lässt sich aus der Ruhe vertikal nach unten fallen und seine Haare touchieren gerade die Wasseroberfläche des Nord-Ostsee-Kanals, als seine Fallgeschwindigkeit 0 m/s beträgt. Nach einigem Auf und Ab hängt der Mann kopfüber von der Brücke herab, wobei der Abstand zwischen Kopf und Wasseroberfläche 10 m beträgt.

a) Schätzen Sie die Länge des nicht gedehnten Bungee-Seiles ab.

b) Welche maximale Geschwindigkeit erreicht der Mann während des Sprunges?

Die Masse des Seils kann im Vergleich zur Masse des Mannes vernachlässigt werden.

1.17 Kickstart

Ein Auto mit der Masse $m = 600\,\mathrm{kg}$ hat die maximale Motorleistung $N = 50\,\mathrm{kW}$. Der Gleitreibungskoeffizient zwischen Reifen und Straße ist $\mu = 0{,}6$.

Wie viel Zeit ist mindestens nötig, um das Auto auf waagerechter Straße aus dem Stand auf eine Geschwindigkeit von 100 km/h zu beschleunigen?

Die Reibungsverluste innerhalb des Autos und der Luftwiderstand sind zu vernachlässigen.

1.18 Geleistete Arbeit

Eine kleine, positiv geladene Kugel A (Masse M, Ladung Q) hängt an einem dünnen, masselosen und isolierenden Faden von der Zimmerdecke herunter. Eine zweite, ebenfalls positiv geladene Kugel B wird aus sehr großer Entfernung horizontal bewegt, bis sie sich an der ursprünglichen Position von Kugel A befindet, während Kugel A derart ausgelenkt ist, dass sie um eine Strecke h, im Vergleich zur endgültigen Position von Kugel B angehoben wurde.

Berechnen Sie die geleistete Arbeit.

1.19* Pendel aus Metalldraht

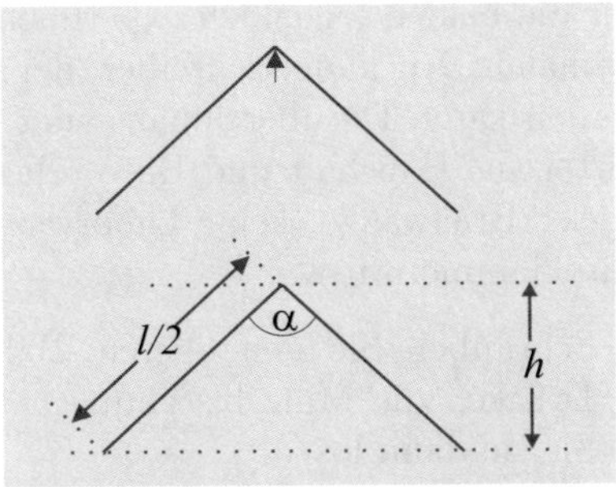

Bestimmen Sie die Fallbeschleunigung mit Hilfe eines physikalischen Pendels. Als Pendel verwenden Sie einen V-förmig gebogenen dicken Metalldraht (z.B. Länge 40 cm, Durchmesser 1,5-2 mm), als Lager eine Rasierklinge. Die Schwingungsdauer wird mit einer Stoppuhr gemessen.

Führen Sie in jeder der beiden möglichen Schwingungsformen (bei dem abgebildeten Pendel in der Papierebene und senkrecht zur Papierebene) eine Messreihe mit verschiedenen Winkeln α durch. Experimentell zu bestimmen sind jeweils die Höhe h und die Schwingungsdauern T_1 und T_2 in beiden Schwingungsformen.

Beschreiben Sie die verwendeten Geräte und die Durchführung der Messungen. Welche Schwierigkeiten und Fehlerquellen haben Sie festgestellt?

Bestimmen Sie die Erdbeschleunigung aus Ihren Messwerten und diskutieren Sie die Genauigkeit des Ergebnisses.

1.20* Fallender Luftballon

In Flüssigkeiten und Gasen erfährt jeder bewegte Körper bremsende Kräfte. Sie setzen sich aus zwei Anteilen zusammen: Der eine wird durch die innere Reibung verursacht und ist – entsprechend dem Stokes'schen Reibungsgesetz – proportional zur Geschwindigkeit v, bei Kugeln mit Radius r proportional zu $r \cdot v$. Der zweite Anteil entsteht durch Wirbelbildung hinter dem bewegten Körper und ist proportional zum Quadrat der Geschwindigkeit, bei Kugeln proportional zu $(r \cdot v)^2$.

Ermitteln Sie experimentell, welcher Anteil bei einem in Luft fallenden Luftballon überwiegt.

Erlaubt sind nur einfache Hilfsmittel (z.B. Bandmaß, Briefwaage, Handstoppuhr) und keine Präzisionsgeräte.

1.21* Experimente mit dem Kugelschreiber

Für die beiden folgenden experimentellen Aufgaben benötigen Sie einen normalen Druckkugelschreiber, der in der Mitte auseinander geschraubt werden kann. Darüber hinaus sind – neben einer Stoppuhr – nur Hilfsmittel aus Haushalt und Büro erlaubt: Lineal, Bindfaden, Draht, „Zollstock“, Briefwaage (keine Laborwaage), Klebestreifen, Papier, Bleistifte, Büroklammern usw.

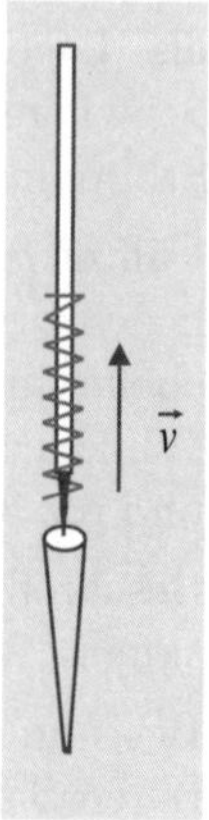

a) Schrauben Sie den oberen Teil des Kugelschreibers ab. Drücken die Mine bis zum Anschlag herunter und lassen Sie sie dann los.

Wie groß ist (ungefähr) die Anfangsgeschwindigkeit der davonfliegenden Mine?

Welche Kraft ist nötig um die Kugelschreiberfeder ganz zusammenzudrücken?

Wie groß ist die Federkonstante der Feder?

b) Bestimmen Sie experimentell das Trägheitsmoment des Kugelschreibers um eine Schwerpunktachse senkrecht zu seiner Länge.

Hinweise:
Briefwaagen sollen – wegen ihrer Ungenauigkeit – nicht zur direkten Messung der Masse einer Mine verwendet werden. Geben Sie in a) und b) die Näherungen an, die Sie in Ihrer Theorie verwendet haben.

1.22* Trägheitsmomente einer Münze

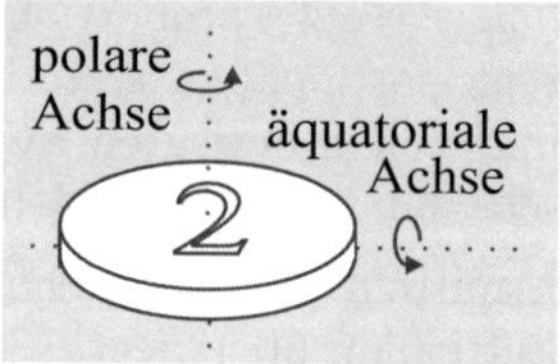

Es sei θ_p das polare Trägheitsmoment eines 2-Euro-Stücks, $\theta_\mathrm{ä}$ sein äquatoriales Trägheitsmoment.

Bestimmen Sie das Verhältnis $\theta_\mathrm{p}/\theta_\mathrm{ä}$ rechnerisch unter der Annahme, das 2-Euro-Stück sei eine Kreisscheibe.

Bestimmen Sie das Verhältnis $\theta_\mathrm{p}/\theta_\mathrm{ä}$ experimentell so genau, wie dies mit einfachen Hilfsmitteln möglich ist.

Ihre Bearbeitung soll enthalten:

- Beschreibung und Begründung des gewählten Verfahrens,
- alle Messwerte und deren Auswertung,
- Diskussion des statistischen und systematischen Fehlers.

1.23* Flachwasser-Wellen

Gegeben sei eine zum Teil mit Wasser gefüllte, rechteckige Kastenform (z.B. Blumenkasten, Brotdose, Kuchenform oder Besteckkasten).

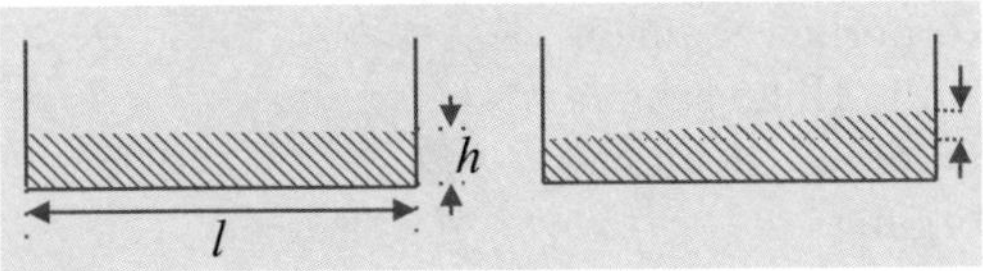

Durch leichtes Ankippen in Längsrichtung wird das Wasser im Kasten zu Schwingungen in der Grundfrequenz angeregt. Die Schwingungsdauer T hängt dabei in folgender Weise von der Länge des Wasserbeckens l und der Wassertiefe h ab:

$T = a \cdot l \cdot h^n$

Für nicht zu große Amplituden und $h \ll l$ sind die Parameter a und n in guter Näherung konstant.

a) Bestimmen Sie experimentell die Größe der Parameter a und n.

b) Geben Sie an, wie genau Ihre Messergebnisse sind.

1.24* Hüpfende Kugel

Lässt man eine Kugel aus elastischem Material (z.B. Glas, Stahl, Vollgummi) auf eine harte Unterlage fallen, so führt sie eine große Zahl von Sprüngen aus, die immer niedriger werden und immer rascher aufeinander folgen.

a) Bestimmen Sie aus der Zahl und den Sprunghöhen für etwa 4 bis 6 Reflexionen die Fallbeschleunigung g. Beschreiben Sie die Messanordnung. Wie groß ist der statistische Fehler für g?

b) Berechnen Sie mit Hilfe der gemessenen Sprunghöhen die Zeitspanne vom ersten Aufschlag bis zu dem Zeitpunkt, dem die Kugel gerade nicht mehr hüpft und vergleichen Sie sie mit dem gemessenen Wert ($g = 9{,}81\,\mathrm{m/s^2}$). Welche Fehler können die Abweichungen erklären?

Als Zeitmessgerät dient eine normale Handstoppuhr.

Hinweis:

Für $|x| < 1$ strebt die unendliche Reihe $1 + x + x^2 + x^3 + x^4 + \ldots$ gegen den Grenzwert $\frac{1}{1-x}$.

1.25* Kinderschaukel

Hat ein Kind auf einer Schaukel erst einmal einen Anschwung erhalten, so kann es sich durch rhythmische Körperbewegungen immer weiter in die Höhe schaukeln. Die Abbildung demonstriert diesen Vorgang:

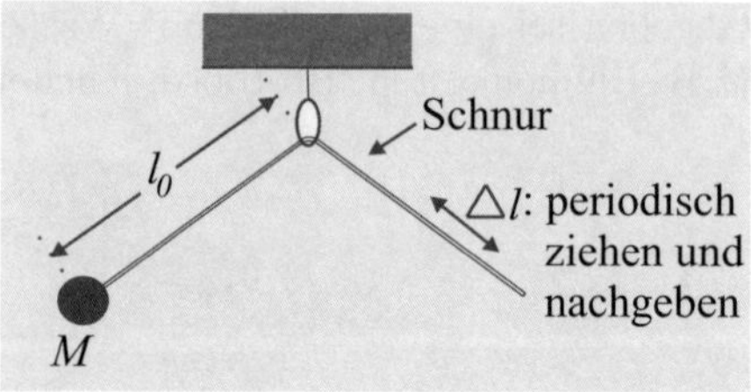

a) Beschreiben Sie qualitativ: In welcher Position der Masse M muss die Schnur angezogen, in welcher muss sie nachgegeben werden, damit die Amplitude möglichst rasch wächst?

b) Finden Sie experimentell heraus: Mit wie vielen Halbschwingungen n kommt man gerade aus, damit die Amplitude von $\varphi_0 = 45^\circ$ auf $\varphi_n = 90^\circ$ wächst?

c) Leiten Sie eine Beziehung für den relativen Energiezuwachs $\Delta E/E$ je Halbschwingung bei gegebenen l_0 und Δl her.

Zulässige Näherungen:

- die Schwingung sei ungedämpft,
- $\Delta t \ll T$ (T = Schwingungsdauer; Δt ist die Zeitspanne für die Längenänderung Δl),
- $\Delta l \ll l_0$,
- $\varphi_0 \ll 1$; $\Delta\varphi \ll \varphi_0$.

d) Wie groß wäre nach Aufgabe c) die Zahl n der Halbschwingungen für $\varphi_0 = 45^\circ$ und $\varphi_n = 90^\circ$? Verwenden Sie die Theorie von c), auch wenn es sich hier um große Winkel handelt.

e) Theorie und Experiment weichen voneinander ab. Welche der Näherungen in Aufgabe c) erklären die Richtung der Abweichung?

Hinweise:

Das Experiment verlangt einige Übung! Beschreiben Sie Aufbau und Durchführung des Experiments so detailliert, dass es genau nachvollzogen werden kann.

1.26* Schwingendes Reagenzglas

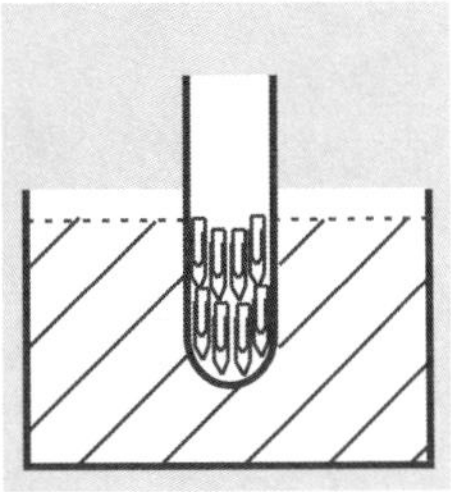

Die Abbildung zeigt ein Reagenzglas (Länge ca. 15,5 cm), das mit einigen (kleinen) Büroklammern gefüllt ist und im Wasser schwimmt. Lenkt man das Reagenzglas in geeigneter Weise aus, dann schwingt es in vertikaler Richtung.

Variieren Sie die Zahl der Büroklammern und bestimmen Sie – ganz ohne Wägung – anhand der Schwingungsdauer so genau es irgend geht die Masse des Reagenzglases und die Masse einer Büroklammer.

Zeichnen Sie dazu einen geeigneten Graphen und werten Sie ihn aus.

Wie groß ist ungefähr der statistische Fehler Ihrer Ergebnisse?

Wie haben Sie diesen Fehler bestimmt?

Beschreiben Sie Ihren Versuchsaufbau, die Versuchsdurchführung und Ihre Messungen so detailliert, dass ein Leser Ihr Experiment genau nachvollziehen kann.

1.27* Strecksprung auf dem Mond

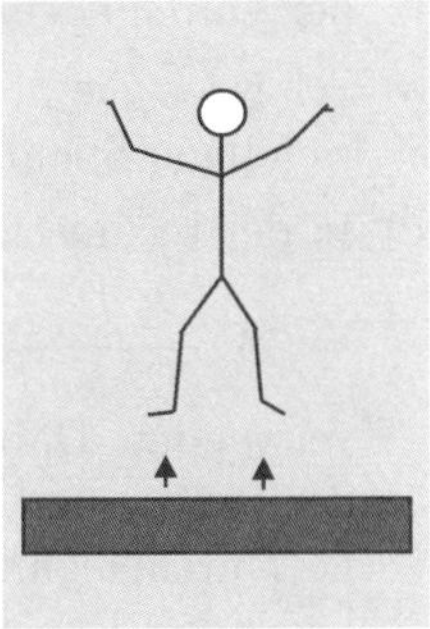

Gehen Sie in die Hocke und strecken Sie sich dann so kräftig Sie können in die Höhe. Das nennt man einen Strecksprung. Ihre Sprunghöhe h sei gleich dem Abstand zwischen Ihrem Körperschwerpunkt im Stand und im höchsten Punkt Ihres Fluges.

Um wie viel höher wäre Ihre Sprunghöhe h' auf dem Mond, verglichen mit derjenigen auf der Erde h?

Nehmen Sie vereinfachend an, auf dem Mond herrschten ähnliche äußere Bedingungen (Luftdruck, Temperatur usw.) wie auf der Erde.

Analysieren Sie Ihren Bewegungsablauf, ermitteln Sie experimentell Ihre persönlichen Daten (z.B. Sprungkraft) und übertragen Sie die Verhältnisse auf den Mond.

Hinweis:

Eine Antwort „Etwa 6-mal so hoch“ wäre viel zu knapp und ungenau!

1.28* Biegung dünner Stäbe

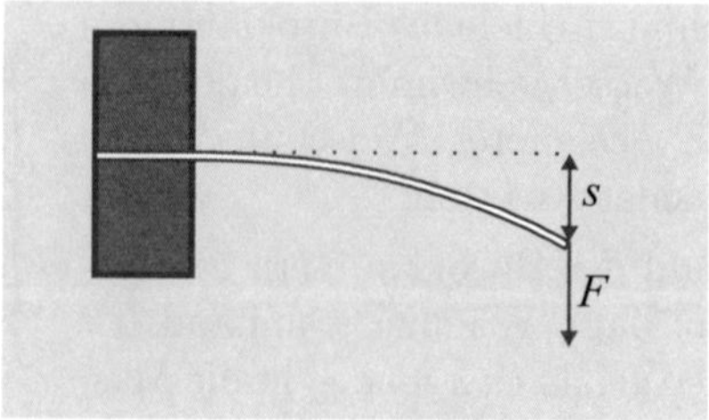

Untersuchen Sie die Durchbiegung von auf einer Seite horizontal eingespannten, dünnen elastischen Stäben.

Verwenden Sie als Stäbe

- ein Metallsägeblatt aus Stahl (Normmaße $300 \times 13 \times 0{,}63\,\mathrm{mm}$),
- ein Lineal aus Hartplastik (z.B. $300 \times 25 \times 2\,\mathrm{mm}$).

Auf das freie Ende des Stabes sollen vertikale Kräfte $0\,\mathrm{N} < F < 1\,\mathrm{N}$ ausgeübt werden.

a) Stellen Sie die im Stab gespeicherte elastische Energie als Funktion der Durchbiegung grafisch dar.

b) Schätzen Sie ab, welcher Anteil der zur maximalen Auslenkung notwendigen Spannarbeit in Wärme umgewandelt wird.

c) In der technischen Biegungslehre wird die Formel

$$s = 4 \cdot \frac{l^3}{E \cdot b \cdot d^3} \cdot F$$

verwendet. Dabei bedeuten l, b und d die Länge, Breite und Dicke des Stabes und E der Elastizitätsmodul des Stabmaterials. Für kleine Durchbiegungen ist die Formel praktisch gut brauchbar. Im vorliegenden Experiment sind die Durchbiegungen jedoch relativ groß. Schlagen Sie hierfür eine entsprechende Formel vor und überprüfen Sie diese experimentell.

d) Bestimmen Sie aus Ihren experimentellen Ergebnissen die Elastizitätsmodule von Stahl und Hartplastik.

1.29* Kugel auf schiefer Ebene

Eine Kugel bewege sich, wie in der Abbildung dargestellt, auf einer schiefen Ebene und falle dann auf den Fußboden.

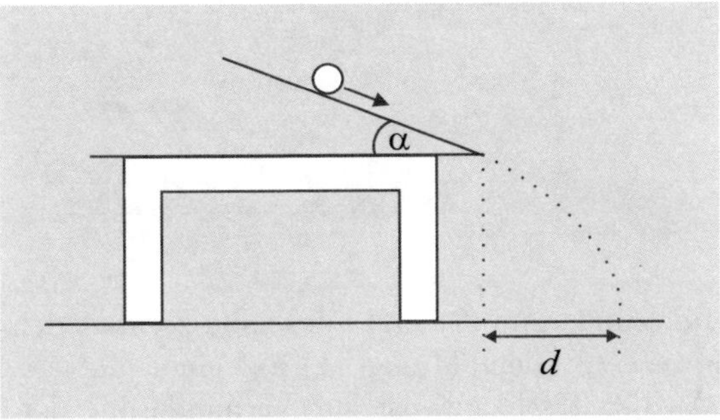

a) Bestimmen Sie experimentell die „Wurfweite" d und ermitteln Sie daraus die Translationsbeschleunigung a der Kugel während ihrer Bewegung auf der schiefen Ebene als Funktion des Neigungswinkels α ($5^\circ \leq \alpha \leq 45^\circ$). Zeichnen Sie Ihre Ergebnisse in ein Diagramm und geben Sie die Fehler der ermittelten Beschleunigungen an.

b) Vergleichen Sie die experimentell ermittelten Werte für a mit den berechneten Werten für eine reine, ungestörte Rollbewegung. Diskutieren Sie die Abweichungen: Welche Effekte haben welchen Einfluss auf das Ergebnis?

c) Bestimmen Sie anhand der Messungen grob den Gleitreibungskoeffizienten zwischen Kugel und schiefer Ebene. Geben Sie auch hier den Messfehler an.

Hinweise:

- Benutzen Sie eine möglichst glatte Kugel (z.B. eine Kugellagerkugel oder Glasmurmel) und eine möglichst glatte schiefe Ebene (z.B. aus Glas oder kunststoffbeschichtetem Holz).
- Der Beschleunigungsweg auf der schiefen Ebene soll konstant gehalten werden.
- Zur Bestimmung der „Wurfweite" d lassen Sie die Kugel am besten auf einen Bogen Kohlepapier (Pauspapier) fallen, das auf weißem Papier und einer harten Unterlage liegt.

1.30* Münzen und Reibung

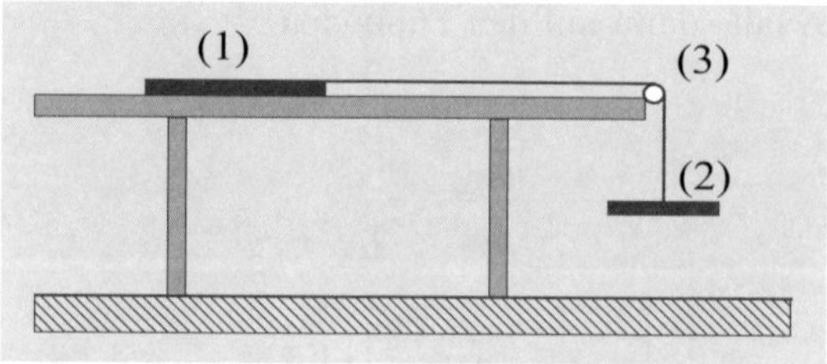

Die beiden Münzen (1) und (2) sind mit einem Zwirnsfaden miteinander verbunden. Münze (2) zieht Münze (1) auf einer glatten, horizontalen Tischplatte. An der Tischkante ist zur Verminderung der Reibung ein Rundstab (3) aus Metall angebracht, dessen Durchmesser ungefähr der Dicke der Münzen entspricht (z.B. Kugelschreibermine aus Messing). Verwenden Sie eine Ein-Euro-Münze und eine Zwei-Euro-Münze.

a) Bestimmen Sie mit dieser Anordnung den Gleitreibungskoeffizienten zwischen Münze und Tischplatte. Sie können annehmen, dass er für beide Münzen gleich groß ist.

b) Bestimmen Sie, gleichfalls mit dieser Anordnung, das Massenverhältnis der beiden Münzen.

c) Diskutieren Sie den systematischen Fehler, der durch die Reibung am Rundstab bewirkt wird. Sie können dazu auch weitere Experimente anstellen, wobei Sie das Experimentiergerät frei wählen können.

Hinweise:

Sorgen Sie zunächst dafür, dass Ihre Experimentieranordnung reproduzierbare Ergebnisse liefert, bevor Sie Messreihen durchführen. Nicht jede Tischplatte ist geeignet. Legen Sie eventuell einen stabilen Karton mit glatter, matter Oberfläche darauf.

Zu den Aufgaben a) und b) sollen Sie außer den angegebenen Geräten und Hilfsmitteln zum Versuchsaufbau (Klebeband, Unterlegklötze etc.) nur noch einen Maßstab mit mm-Einteilung benutzen, insbesondere also keine Stoppuhr und keine Waage.

1.31* Reibung zwischen Schnur und Stange

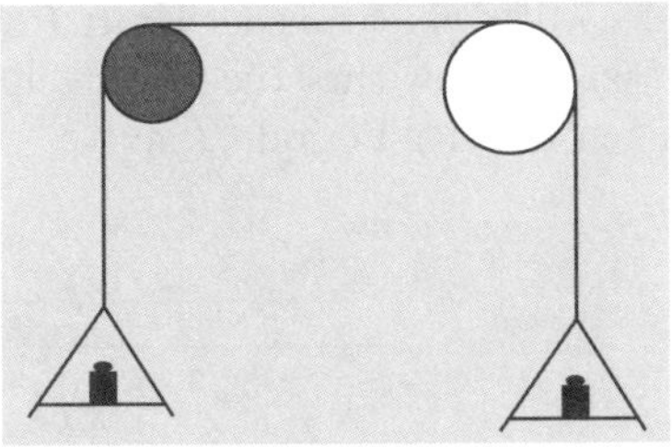

Befestigen Sie mit Tischklemmen und Stativmaterial eine Rolle und eine Stativstange an einem Tisch. Die Achse der Rolle soll horizontal sein, desgleichen die Stativstange. Legen Sie über die Rolle und die Stativstange ein Seil, an dessen Enden zwei Gefäße zur Aufnahme von Gewichtstücken befestigt sind.

Als Seil eignet sich eine Nylonschnur (Angelschnur), die eine Zugspannung von etwa 40 N aushalten sollte. Die Stativstange muss sauber und glatt sein (möglichst verchromt).

Zur Bestimmung des Haftreibungskoeffizienten zwischen Seil und Stativstange werden auf eine Seite der Anordnung so lange Gewichtsstücke aufgelegt, bis das Seil anfängt zu rutschen. Dies soll nicht nur mit deméinfach über die Stange gelegten Seil untersucht werden, sondern auch mit mehrfach darumgewickeltem, und zwar

so 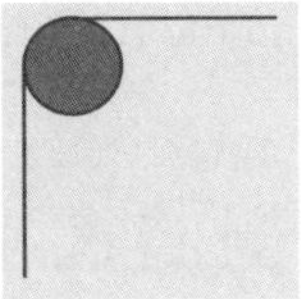 und so 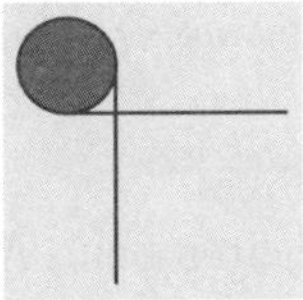 .

Führen Sie in jeder Seilstellung mehrere Messungen durch und fassen Sie die Ergebnisse in einer Tabelle zusammen. Achten Sie auf eine hinsichtlich der Genauigkeit sinnvolle Angabe der Messergebnisse.

a) Leiten Sie theoretisch her, wie sich der Reibungskoeffizient mit Hilfe der beiden gemessenen Seilspannungen bestimmen lässt.

b) Stellen Sie die Ergebnisse grafisch dar und entnehmen Sie den gesuchten Reibungskoeffizienten aus dieser Darstellung. Welche Größen werden zweckmäßigerweise auf den Koordinatenachsen aufgetragen?

1.32* Gummiband-Schwingungen

In der Mitte eines mit der Kraft P vorgespannten Gummibandes der Länge l ist ein Gewichtsstück Q angebracht. Dieses führt senkrechte Schwingungen mit der Periode T aus.

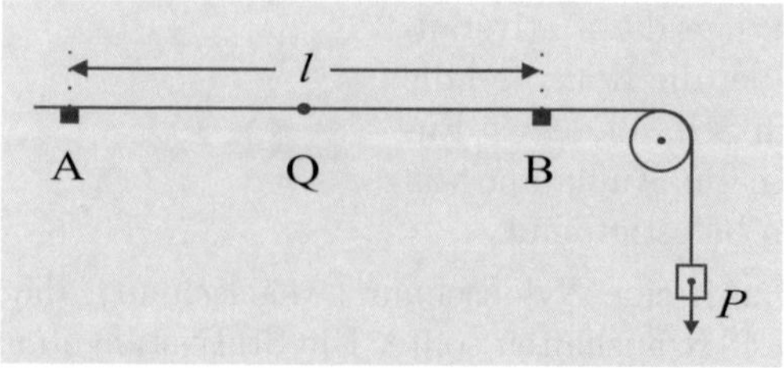

Zu bestimmen ist die Abhängigkeit zwischen T und P.

Als Gummiband eignet sich etwa 5 mm breite Gummilitze aus dem Nähkasten („Hosengummi"). Die Länge l sollte etwa 1,5 m betragen. Q ist so zu wählen, dass man die Schwingung gut messen kann. l und Q werden nicht verändert. Das Gummiband ist bei A und B eingespannt. Beim Verändern von P wird das Gewichtstück Q abgenommen und die Befestigung bei B gelöst.

Die Bearbeitung soll enthalten:

- Beschreibung von Besonderheiten beim Aufbau und bei der Durchführung des Versuchs,
- Wertetabelle,
- grafische Darstellung der Versuchsergebnisse in einer Form, aus der sich die Gesetzmäßigkeit der Abhängigkeit zwischen T und P möglichst leicht ablesen lässt,
- theoretische Herleitung der Gesetzmäßigkeit unter geeigneten vereinfachenden Annahmen,
- Vergleich der theoretisch hergeleiteten und der experimentell gefundenen Gesetzmäßigkeit und Diskussion eventueller Unterschiede.

1.33* Oberflächenspannung

Untersuchen Sie die Abhängigkeit des Überdrucks Δp in einer Seifenblase von deren Radius r_0 und bestimmen Sie dadurch die Oberflächenspannung σ der Seifenlösung.

Verfahren: Man lässt die Luft in der Seifenblase durch den Strohhalm abfließen und stoppt die dazu nötige Zeit.

Materialien:

- Seifenlösung oder besser Pustefix® vom Spielwarenhändler,
- ein langer dünner Trinkhalm (z.B. 20 cm Länge und 3 mm Durchmesser) sowie Geräte zur Bestimmung seiner Länge und seines Innendurchmessers,
- ein Lineal und eine Lampe (oder eine andere Einrichtung) zur Messung von r_0,
- eine Stoppuhr.

Hinweis:

Den Druckunterschied Δp bestimmt man mit Hilfe des Gesetzes von Hagen-Poiseuille. Danach ist die Gasstromstärke in einem dünnen Rohr mit kreisförmigem Querschnitt dem Druckunterschied an dessen Enden proportional:

$$\frac{\mathrm{d}V}{\mathrm{d}t} = \frac{\pi R^4}{8\eta l}\Delta p \; ,$$

mit $\mathrm{d}V/\mathrm{d}t$: Gasstromstärke, l: Rohrlänge, R: Rohrradius, η: Zähigkeit des durchströmenden Gases bedeutet. Für Luft bei 20 °C ist
$\eta = 1{,}7 \cdot 10^{-5}\,\mathrm{Ns/m^2}$.

Die Bearbeitung soll enthalten:

- theoretische Herleitung einer Beziehung zur Berechnung von Δp aus den gegebenen und gemessenen Größen,
- genaue Beschreibung der Versuchsführung, insbesondere der Verfahren zur Bestimmung von R und r_0,
- Wertetabelle,
- zweckmäßige grafische Darstellung, aus der der Wert von σ entnommen werden kann,
- Abschätzung des Fehlers von σ.

1.34* Energieverlust beim Stoß

Nehmen Sie zwei gleiche Marmeladenglasdeckel (Radius R) mit glattem seitlichem Rand. Einer liege auf einem glatten, mit einem DIN-A3-Blatt bedeckten Tisch. Der andere stoße so dagegen, dass beide Deckel in unterschiedliche Richtungen davonrutschen und auf dem Blatt Papier bleiben.

Der Stoß ist nur teilweise elastisch. E_1 und E_2 seien die kinetischen Translationsenergien direkt vor bzw. nach dem Stoß. Die Differenz $E_1 - E_2$ hängt vor allem vom Stoßparameter b ab.

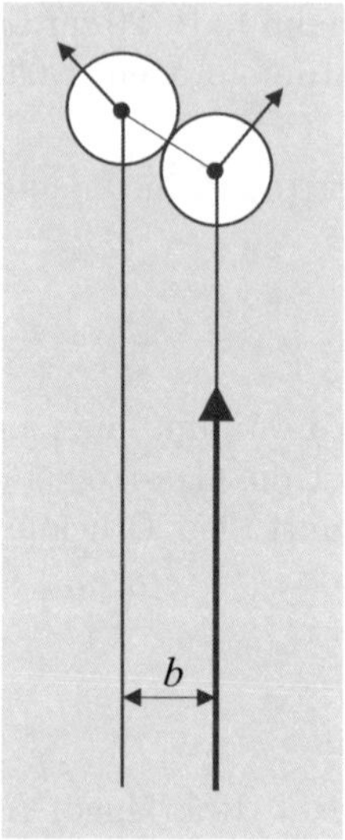

a) Bestimmen Sie das Verhältnis $k = (E_1 - E_2)/E_1$ und zeichnen Sie den Graphen $k = f(b)$ mit $0 < b < 2R$.

b) Bestimmen Sie den Wert von k für den zentralen Stoß ($b = 0$) und ermitteln Sie für eine einzelne Messung den Wert der Geschwindigkeit v direkt vor dem Stoß.

Hinweise:

Die Geschwindigkeitsrichtungen nach dem Stoß lassen sich recht genau ermitteln, wenn man die Mitte der Deckel mit einem kleinen Loch versieht. In guter Näherung kann angenommen werden, dass die Deckel nicht rotieren.

1.35* Rotierende Eier

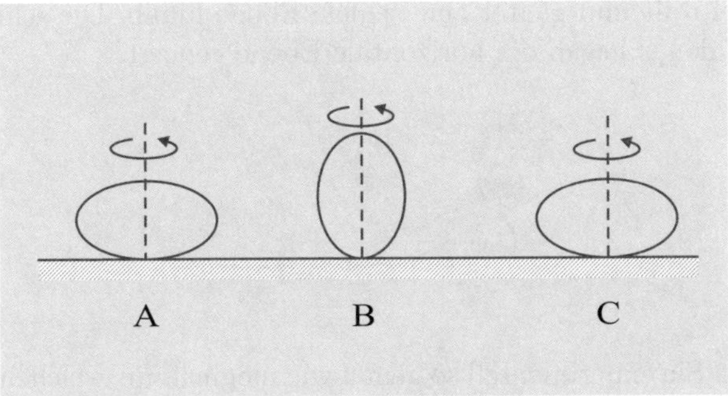

Rotiert ein hart gekochtes Ei auf einer ebenen, glatten Unterlage um eine seiner kurzen Achsen (Position A), so zeigt es ein merkwürdiges Verhalten:

Ist die Rotationsfrequenz f groß genug, so richtet sich das Ei auf und rotiert um die lange Achse (Position B). Durch Reibung sinkt dann die Frequenz und bei $f = f_0$ kehrt das Ei wieder in seine Ausgangslage (Position C) zurück.

a) Bestimmen Sie experimentell die Frequenz f_0 unter der Annahme, dass sich die Rotationsfrequenz f infolge der Reibung linear mit der Zeit ändert.

b) Geben Sie an, wie Sie das Experiment durchgeführt haben und wie genau das Ergebnis ist.

Als technische Hilfsmittel sind lediglich Handstoppuhren zulässig.

1.36* Trägheitsmoment eines Rades

Bestimmen Sie experimentell das Trägheitsmoment eines Fahrrad-Vorderrades. Das Ergebnis sollte möglichst genau sein und Angaben zum statistischen und systematischen Fehler enthalten.

Beschreiben und begründen Sie die Wahl Ihrer experimentellen Anordnung.

Als Hilfsmittel sind Briefwaage, Stoppuhr und alle haushaltsüblichen Gegenstände zulässig.

Hinweis:
Es ist nicht zulässig, lediglich das Vorderrad zu wiegen und sein Trägheitsmoment unter vereinfachenden Annahmen zu berechnen.

1.37* Schiefe Ebene

Eine Kugel rollt und gleitet eine schiefe Ebene hinab. Die schiefe Ebene ist um Winkel φ gegen die horizontale Ebene geneigt.

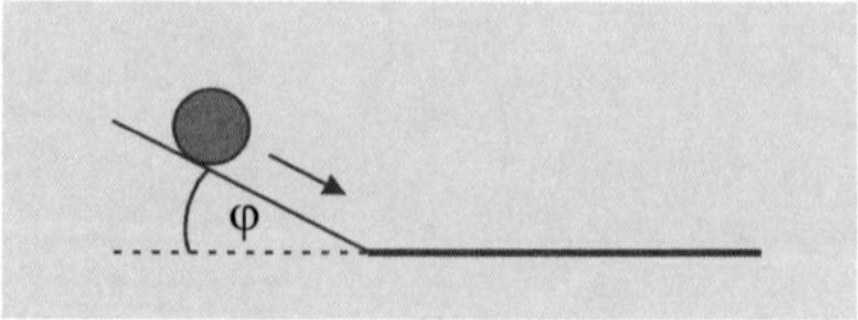

Bestimmen Sie experimentell so genau wie möglich, für welchen Winkel φ die Translationsgeschwindigkeit der Kugel in Richtung der horizontalen Ebene ein Maximum hat und vergleichen Sie das experimentelle Ergebnis mit dem theoretischen Wert.

Als Kugel können Sie z.B. eine Spielzeug-Glasmurmel oder eine Kugellagerkugel nehmen. Als weitere Hilfsmittel sind eine Stoppuhr und alle haushaltsüblichen Gegenstände erlaubt.

Geben Sie zu Ihrem Ergebnissen den statistischen Fehler und möglicherweise systematische Fehler und ihren Einfluss auf das Ergebnis an.

Beschreiben und begründen Sie Ihren experimentellen Aufbau.

2 Elektrizitätslehre

2.1 Autobeleuchtung

In Schweden müssen Autofahrer auch tagsüber mit Licht fahren. Dazu kann man die elektrische Leistung jeder Scheinwerferlampe auf 40 W reduzieren, indem man einen Widerstand in Reihe mit der Lampe schaltet.

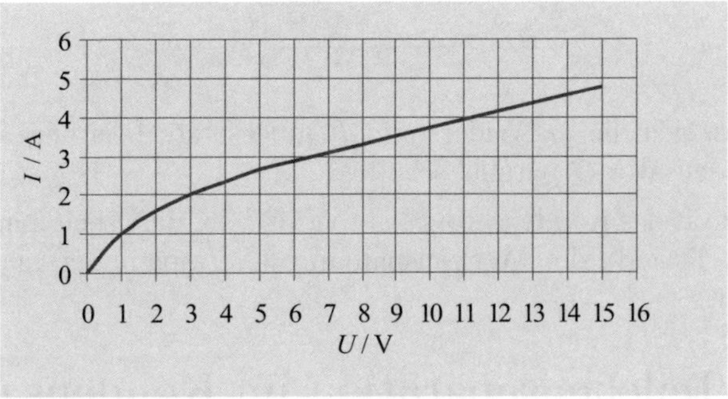

Die Abbildung zeigt die Strom-Spannungs-Kennlinie einer Halogenlampe für Autoscheinwerfer. Die Autobatterie liefert eine Spannung von 12 V.

Wie groß muss der Vorschaltwiderstand gewählt werden?

Um wie viel Prozent ändert sich die der Batterie entnommene Leistung durch das Zuschalten des Widerstandes?

2.2 Kabelschaden

Eine Spannungsquelle $U = 550\,\mathrm{V}$ versorgt einen $L = 20\,\mathrm{km}$ entfernten Lastwiderstand. Die Spannung am Lastwiderstand beträgt $U_1 = 375\,\mathrm{V}$, und es fließt ein Strom $I_1 = 2{,}5\,\mathrm{A}$.

Während eines Sturmes steigt die Stromstärke kurzfristig auf $I_2 = 15{,}5\,\mathrm{A}$ und die Spannung am Lastwiderstand sinkt auf $U_2 = 20\,\mathrm{V}$, ehe die Leitung unterbrochen ist.

In welcher Entfernung von der Spannungsquelle muss man nach dem Kabelschaden suchen?

2.3 Stromkreis mit Diode

Die Diode in dem abgebildeten Stromkreis soll ideal sein, d.h., in Durchlassrichtung hat sie einen verschwindend kleinen und in Sperrrichtung einen unendlich großen Widerstand.

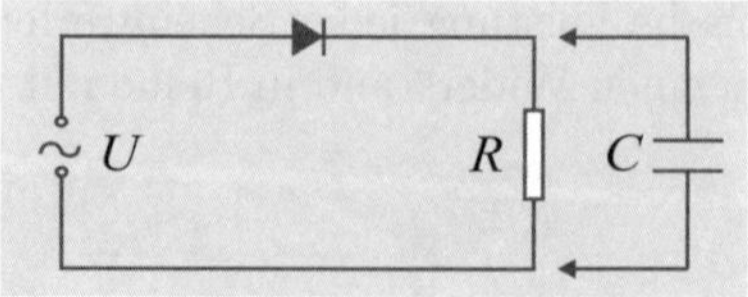

Wie ändert sich die im Widerstand R umgesetzte Leistung, wenn man einen Kondensator C parallel schaltet?

Die Kapazität des Kondensators soll so groß sein, dass seine Ladung während einer Periode der Wechselspannung (Netzspannung) nahezu konstant bleibt.

2.4 Teilchenseparation im Kondensator

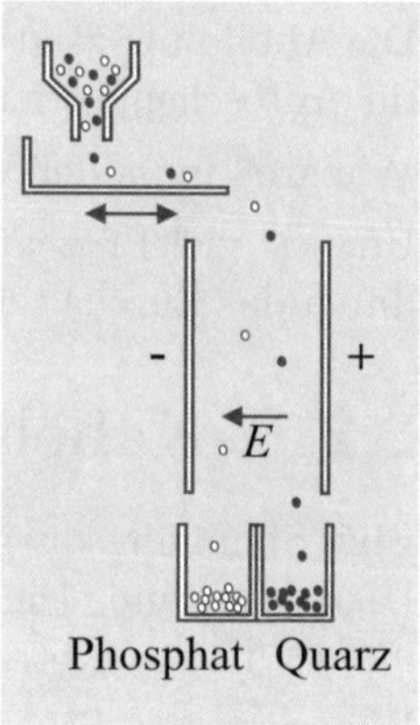

Bei der Phosphatgewinnung erhält man nach dem Zerkleinern des Abbauprodukts ein Gemenge von Teilchen aus Phosphatgestein und Quarz. Die Trennung der beiden Komponenten geschieht folgendermaßen:

Durch Schütteln wird das Phosphat positiv und der Quarz negativ geladen (spezifische Ladung $q = 10^{-5}\,\mathrm{As/kg} \pm 30\,\%$).

Durch die Schüttelrutsche erhalten die Teilchen eine Horizontalgeschwindigkeit von maximal $\pm\,0{,}4\,\mathrm{m/s}$.

Anschließend fallen sie durch einen Trennkondensator, dessen Feld als homogen betrachtet werden kann. Die Feldstärke beträgt $E = 5 \cdot 10^5\,\mathrm{V/m}$.

a) Die beiden Komponenten sollen völlig getrennt werden (siehe Abbildung) und die Teilchen sollen den Kondensator nicht berühren. Geben Sie Länge, Plattenabstand und Spannung des Kondensators an.

b) Skizzieren Sie einige typische Fallkurven.

2.5 Widerstandsthermometer

Ein Widerstandsthermometer besteht aus einer dünnen, in Quarz eingeschmolzenen Platindrahtwendel. Wenn man den Temperaturkoeffizienten des Platins kennt, kann man aus dem Widerstand der Wendel auf die Temperatur schließen, auf der sie sich befindet. Eine Fehlerquelle ist dabei die Erwärmung des Drahtes durch den in ihm fließenden Strom. Um sie zu untersuchen, wurde die Strom-Spannungs-Kennlinie eines solchen Thermometers bei konstanter Umgebungstemperatur aufgenommen.

$I/\,\mathrm{mA}$	2	3	4	5	6	7	8	9	10
$U/\,\mu\mathrm{V}$	2201	3302	4408	5514	6624	7736	8859	9982	11109

Wie hängt der Widerstand der Wendel von der Stromstärke ab?

Leiten Sie diese Beziehungen allgemein her, überprüfen Sie sie anhand der Messwerte und bestimmen Sie die Werte der in der Beziehung vorkommenden Konstanten.

2.6 Elektronenstrahlen

Ein Elektronenstrahl durchquert einen Plattenkondensator, wie in der Abbildung dargestellt.

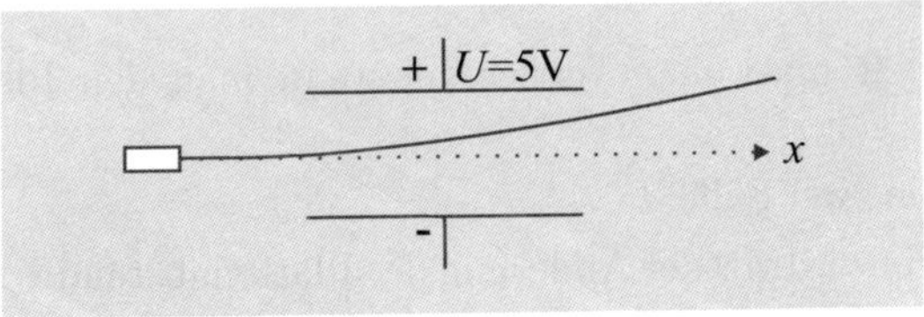

Der Kondensator wurde mit einer Spannung $U = 5\,\mathrm{V}$ aufgeladen und anschließend von der Spannungsquelle getrennt. Die Anfangsgeschwindigkeit der Elektronen beträgt $v_0 = 3 \cdot 10^6\,\mathrm{m/s}$, der Plattenabstand $d = 20\,\mathrm{cm}$ und die Plattenlänge $l = 50\,\mathrm{cm}$.

Diskutieren Sie die Frage, ob die Elektronen beim Durchqueren des Kondensatorfeldes Energie gewinnen.

Mit welcher Geschwindigkeit v und unter welchem Winkel α verlassen die Elektronen das Kondensatorfeld?

2.7 Schaltung aus drei Batterien

Durch einen Widerstand R soll ein möglichst großer Strom fließen. Als Spannungsquellen hat man drei gleiche Batterien zur Verfügung, jede mit dem Innenwiderstand r.

Wie muss die Schaltung aussehen?

Verwenden Sie bei der Diskussion das Verhältnis R/r als Parameter.

2.8 Wassertröpfchen

Wenn ihre Ladung einen bestimmten Wert übersteigt, können sich elektrisch geladene Wassertröpfchen spontan in zwei gleich große Tröpfchen mit halber Ladung teilen.

Schätzen Sie ab, welche Ladung ein Wassertröpfchen mit dem Radius $R = 10^{-5}\,\mathrm{m}$ mindestens haben muss, damit dies eintreten kann.

Nehmen Sie an, dass die Ladung stets gleichmäßig auf der Oberfläche der Tröpfchen verteilt ist.

Die Oberflächenspannung von Wasser ist $7{,}3 \cdot 10^{-2}\,\mathrm{J/m^2}$.

2.9 Plattenkondensator

Ein Plattenkondensator $C = 15\,\mathrm{nF}$ ist an eine Batterie $U = 70\,\mathrm{V}$ angeschlossen.

Wie viel Arbeit muss man verrichten, wenn man den Plattenabstand verdoppelt?

Betrachten Sie zwei Fälle:

a) die Batterie wird vor der Änderung des Plattenabstandes abgeklemmt,
b) die Batterie bleibt mit den Platten verbunden.

2.10 Starten eines Oldtimers

Thomas hat an seinem Oldtimer nachts vergessen, das Licht auszuschalten, und morgens ist die Batterie (Spannung 6,3 V, Innenwiderstand 0,1 Ω) leer. Sein Vater will helfen und gibt mit seinem Auto (Batteriespannung 12,6 V, Innenwiderstand 0,03 Ω) Starthilfe. Als er gerade beide Batterien parallelgeschaltet hat, klingelt das Handy und er unterhält sich eine halbe Stunde lang mit dem Anrufer. Dann setzt er sich in den Oldtimer und startet problemlos.

Zufrieden klemmt er die Batterien wieder ab und will sein Auto in die Garage fahren, aber leider hat jetzt dessen Batterie Probleme. Und da man mit einer 6 V-Batterie keinen 12 V-Anlasser starten kann, muss nun doch der Pannendienst kommen.

a) Erklären Sie, warum die Batterie entladen wurde.
b) Was wäre passiert, wenn bei der ganzen Prozedur die Lampen des Oldtimers eingeschaltet gewesen wären?

2.11 Energiequelle im Stromkreis

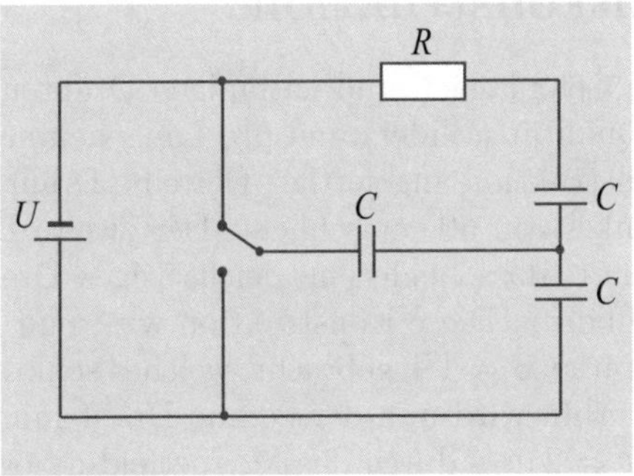

In der abgebildeten Schaltung seien U, R und C bekannt. Der Schalter soll sich anfangs so lange in der Ausgangsposition befunden haben, dass sich ein stationärer Zustand eingestellt hat.

Wie viel Energie muss die Batterie liefern, wenn man den Schalter umlegt?

2.12 Schaltung aus vier Batterien

Vier gleiche Batterien (Spannung U, Innenwiderstand r) sind wie in der Abbildung zusammengeschaltet.

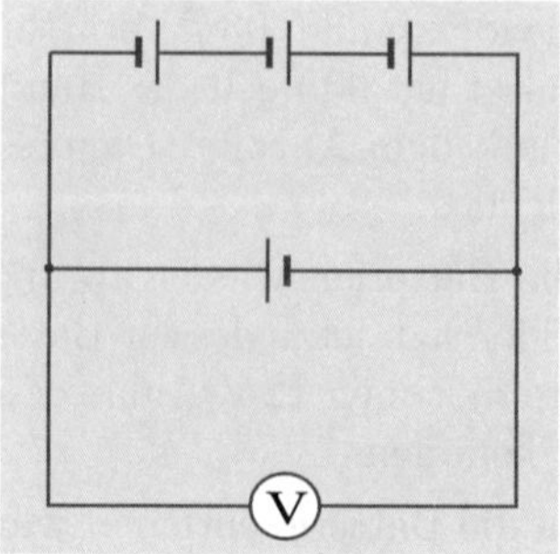

Der Innenwiderstand des Voltmeters sei sehr groß und die Widerstände der Verbindungsleitungen seien vernachlässigbar klein.

Was zeigt das Voltmeter an?

2.13 Drahtkonstruktion

Aus zwei geraden, sehr langen und leitfähigen Drähten gleichen Materials und gleicher Qualität (Widerstand pro Längeneinheit: $r = 0{,}1\,\Omega/\mathrm{m}$), wird folgende Konstruktion angefertigt: Der eine Draht wird gebogen, so dass er einen Winkel von 60° einschließt. Der zweite Draht wird so auf dem ersten platziert, dass beide ein gleichseitiges Dreieck der Kantenlänge $0{,}5\,\mathrm{m}$ einschließen. Diese Konstruktion wird nun in ein homogenes Magnetfeld der Stärke $B = 1\,\mathrm{T}$ gebracht, welches senkrecht zur Dreiecksfläche steht. Weiterhin wird nun der gerade Draht mit einer konstanten Geschwindigkeit $v = 2\,\mathrm{m/s}$ durch das Magnetfeld gezogen, so dass beide Leiter zu jedem Zeitpunkt ein gleichseitiges Dreieck einschließen.

Bestimmen Sie den in den Leitern fließenden Strom in Abhängigkeit von der Zeit unter der Annahme, dass beide Leiter zu jedem Zeitpunkt einen guten elektrischen Kontakt besitzen.

2.14 Feinsicherungen

Feinsicherungen, wie man sie in vielen elektrischen Geräten findet, bestehen aus einem Glasröhrchen, in dem sich ein dünner Draht befindet, der bei einer bestimmten Stromstärke schmilzt. Bei einer 1,8 A-Sicherung hat der Draht einen Durchmesser $d_1 = 0{,}3\,\mathrm{mm}$, bei einer 5 A-Sicherung ist der Durchmesser $d_2 = 0{,}6\,\mathrm{mm}$ bei gleichem Material und gleicher Länge. Es sollen jetzt Sicherungen konstruiert werden, die aus mehreren parallel geschalteten Drähten bestehen.

a) Bei welcher Stromstärke brennt eine Sicherung durch, in der zwei Drähte mit den Durchmessern d_1 und d_2 parallel geschaltet sind?

b) Wie sieht es bei einer Sicherung aus, die aus einem Draht des Durchmessers d_2 und 20 dazu parallel geschalteten Drähten des Durchmessers d_1 besteht?

2.15 Leiterschleife

In freier Anlehnung an das Logo des World Year of Physics 2005 bastelte ein Schüler im Physikunterricht aus einem homogenen, leitfähigen Draht mit konstantem Querschnitt eine ebene, geschlossene Leiterschleife in Form einer symmetrischen Sanduhr (siehe Skizze). Seinen Mitschülern gab er an, dass der Widerstand dieser Sanduhr 1,6 mal so groß ist, wenn er zwischen den Punkten B und C gemessen wird, als wenn er zwischen den Punkten A und B gemessen wird.

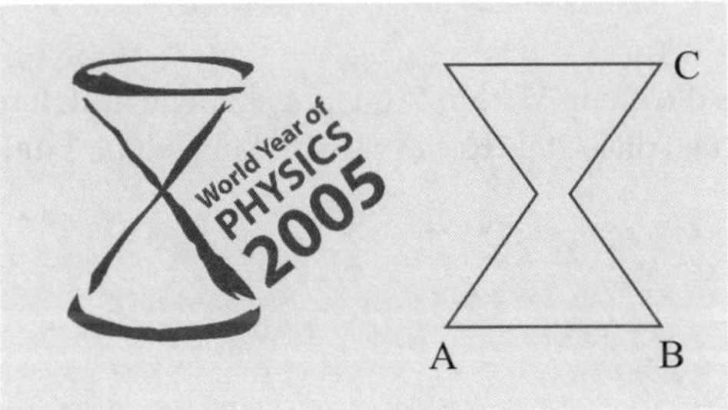

In welchem Verhältnis stehen die Drahtlängen $\overline{AB}$ und $\overline{BC}$ zueinander?

2.16 Stromkreis

An eine Batterie mit Innenwiderstand 1 Ω und unbekannter Spannung wird zuerst ein 9 Ω-Widerstand angeschlossen und danach parallel dazu ein weiterer unbekannter Widerstand geschaltet.

Es zeigt sich, dass in beiden Fällen die außerhalb der Batterie erbrachte Leistung gleich groß ist.

Wie groß ist der unbekannte Widerstand?

2.17 Funkengenerator

Die Abbildung zeigt einen einfachen Funkengenerator. Liegt am so genannten Entladungsspalt eine Spannung U_F an, so wird ein Funken erzeugt. Der Widerstand R ist so gewählt, dass genau n Funken pro Sekunde entstehen.

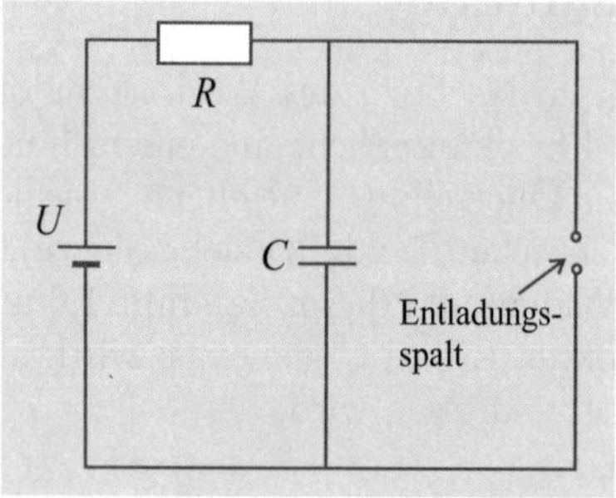

Bestimmen Sie die vom Widerstand abgegebene mittlere Leistung unter der Annahme, dass der Kondensator bei jedem Funken vollständig entladen wird.

2.18 Beleuchtungssystem

Zwei technische Angestellte ziehen in ein neues gemeinsames Büro und dürfen es selbst planen. Sie sind sich uneinig, ob die zwei Glühbirnen (Widerstände R und $2R$) in ihrem gemeinsamen Büro in Reihe oder parallel geschaltet werden sollen. Option 1 ist, die Glühbirnen so zu schalten, dass die Glühbirne mit Widerstand R möglichst viel Licht abstrahlt. Option 2 ist, die Glühbirnen so zu schalten, dass insgesamt möglichst viel Licht abgestrahlt wird.

Können sich die beiden Angestellten einigen oder herrscht ein länger dauernder Bürostreit?

Nehmen Sie an, dass das von den Glühbirnen abgestrahlte Licht proportional zur umgewandelten elektrischen Leistung ist und dass die Glühbirnen näherungsweise konstante Widerstände besitzen.

2.19 Lampe im Stromkreis

Die Lampe im untenstehenden Stromkreis leuchtet gleich hell bei offenem und bei geschlossenem Schalter S.

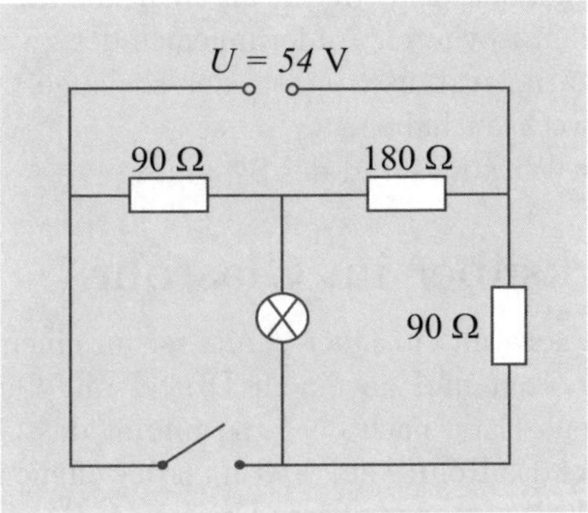

Welche Spannung besteht zwischen den Lampenanschlüssen?

3 Wärmelehre

3.1 Wärmekraftmaschinen

Zwei gleiche Wärmekraftmaschinen, die mit einem idealen Gas betrieben werden, arbeiten gemäß dem in der Abbildung skizzierten Zyklus.

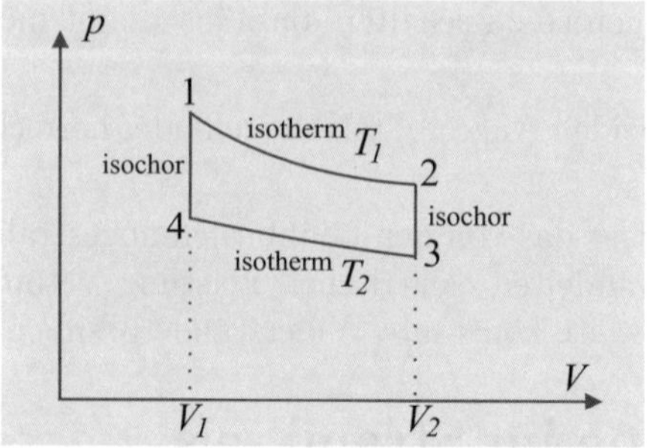

Beide sind miteinander gekoppelt und arbeiten mit einer „Phasenverschiebung" von einem halben Umlauf, d.h., wenn die eine sich im Zustand 2 befindet, ist die andere im Zustand 4 und umgekehrt. Beide Maschinen laufen reversibel, können also sowohl als Wärme- wie als Kältemaschine arbeiten. Bei den isochoren Änderungen findet zwischen den beiden Maschinen ein Wärmeaustausch statt, der so lange dauert, bis beider Temperaturen gewechselt haben.
Berechnen Sie den Wirkungsgrad des Systems.

3.2 Quecksilber im Glasrohr

Ein Glasrohr mit konstantem Querschnitt ist an einem Ende offen, am anderen zugeschmolzen und zu einem Drittel mit Quecksilber gefüllt. Hält man das offene Ende nach oben, so nimmt das Quecksilber genau das mittlere Drittel des Rohres ein; hält man das offene Ende nach unten, so sinkt das Quecksilber in das untere Drittel des Rohres, so dass gerade noch nichts ausläuft.
Könnte man dieses Glasrohr für ein Quecksilberbarometer verwenden?

3.3 Kühlschrank

Ein Kühlschrank hat die Außenmaße $a = 60\,\text{cm}$, $b = 60\,\text{cm}$, $c = 100\,\text{cm}$. Seine Isolierschicht ist $d = 5\,\text{cm}$ dick und besteht aus Styropor mit einer Wärmeleitfähigkeit von $\lambda = 0{,}03\,\text{Wm}^{-1}\text{K}^{-1}$. Seine elektrische Leistung ist $P = 100\,\text{W}$. Wenn die Außentemperatur $T_0 = 290\,\text{K}$ ist, erreicht man bei dauernd laufendem Motor im Innern die Temperatur $T_1 = 255\,\text{K}$ und bei einer Innentemperatur von $T_2 = 275\,\text{K}$ ist die Temperaturabnahme $dT/dt = 3\,\text{K/h}$.

a) Berechnen Sie den Nutzfaktor des Kühlschranks.

b) Wie groß ist die Wärmekapazität des Kühlschrankinhalts?

Hinweis:

Unter dem Nutzfaktor versteht man das Verhältnis aus der dem Kühlschrankinnern entzogenen Wärmeleistung und der aufgewandten elektrischen Leistung. Er kann näherungsweise als temperaturunabhängig betrachtet werden.

3.4 Skifahrer

Ein Skifahrer fährt mit konstanter Geschwindigkeit einen um $\alpha = 30^\circ$ gegen die Horizontale geneigten Abhang hinunter.

Wie viel Schnee schmilzt in einer Minute unter seinen Skiern?
Nehmen Sie an, dass die gesamte Reibungsarbeit zum Schmelzen von Schnee verbraucht wird.
Die Masse des Skifahrers beträgt $m = 80\,\text{kg}$, seine Geschwindigkeit $v = 15\,\text{m/s}$. Die Schmelzwärme des Schnees beträgt $q_s = 3{,}4 \cdot 10^5\,\text{J/kg}$.

3.5 Bügeleisen

In der Stellung „Nylon“ (mäßig warm) wird ein elektrisches Bügeleisen periodisch für $t_1 = 10\,s$ ein- und dann für $t_2 = 40\,\text{s}$ ausgeschaltet. Die Bügelfläche wird dadurch auf der (nahezu konstanten) Temperatur $\vartheta_1 = 100\,^\circ\text{C}$ gehalten. In der Stellung „Leinen“ (heiß) sind die Zeiten $\tilde{t}_1 = 20\,\text{s}$ und $\tilde{t}_2 = 30\,\text{s}$.

Wie groß ist die Temperatur ϑ_2 der Bügelfläche in dieser Stellung?

Auf welche Temperatur ϑ_3 würde sich das Bügeleisen aufheizen, wenn der Thermostat ausfiele und es dauernd eingeschaltet wäre?
Nehmen Sie an, dass die Wärmeabgabe eines Bügeleisens proportional zur Temperaturdifferenz zur Umgebung (Zimmertemperatur: $\vartheta_0 = 20\,^\circ\text{C}$) ist.

3.6 Temperaturunabhängige Widerstände

Der Temperaturkoeffizient des elektrischen Widerstands ist bei manchen Legierungen positiv, bei anderen negativ. Deshalb kann man mit Hilfe von Drähten aus verschiedenen Legierungen temperaturunabhängige Widerstände konstruieren. In der Tabelle sind für einen Konstantandraht und einen Manganindraht der Widerstand pro Längeneinheit (gemessen bei $0\,^\circ\mathrm{C}$) und der Temperaturkoeffizient des Widerstands angegeben.

	$R/\,\Omega\mathrm{m}^{-1}$	$\alpha/\,\mathrm{K}^{-1}$
Konstantan	6,3	$-3{,}0 \cdot 10^{-5}$
Manganin	5,3	$+1{,}4 \cdot 10^{-5}$

Konstruieren Sie durch Reihenschaltung von zwei Drahtstücken einen temperaturunabhängigen $5\,\Omega$-Widerstand.

3.7 Mischtemperatur

In zwei Gefäßen befinden sich jeweils ein Liter Wasser, jedoch mit unterschiedlichen Temperaturen $100\,^\circ\mathrm{C}$ und $10\,^\circ\mathrm{C}$.

Geben Sie eine Methode an, wie man das kalte Wasser auf mehr als $55\,^\circ\mathrm{C}$ erwärmen kann, indem man das heiße Wasser auf weniger als $55\,^\circ\mathrm{C}$ abkühlt.

Sie haben beliebige weitere, leere Gefäße zur Verfügung; von Wärmeverlusten an die Umgebung sollen Sie absehen.

3.8 Unbekanntes Gas

Für die Erwärmung von 1 kg eines unbekannten Gases um 1 K benötigt man bei konstantem Volumen 650 J und bei konstantem Druck 911 J.

Um welches Gas handelt es sich?

3.9 U-Rohr

In einem geschlossenen U-Rohr (Rohrquerschnitt S) sind zwei gleich große Gasmengen desselben idealen Gases (je n Mol bei Zimmertemperatur T_0) durch eine Quecksilbersäule getrennt. Wenn man das U-Rohr umdreht, bleibt die Quecksilbersäule nicht in der symmetrischen Lage.

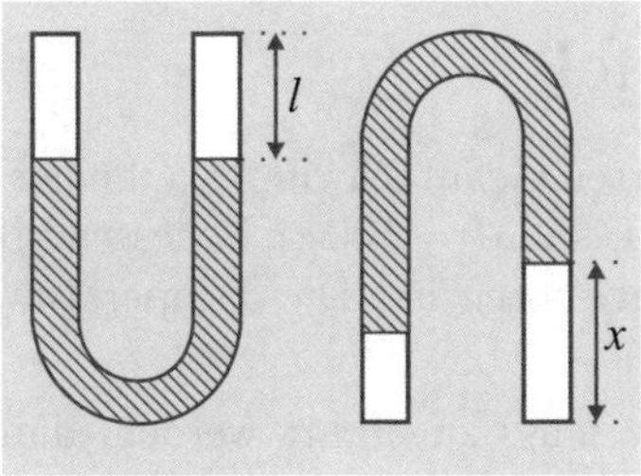

Welche Lage nimmt sie dann ein?

Führt man dasselbe Experiment jedoch bei genügend hoher Temperatur T_1 durch, so bleibt die Quecksilbersäule in der symmetrischen Lage.

Wie groß muss T_1 mindestens sein? Nehmen Sie an, dass die Quecksilbersäule nicht reißt.

3.10 Barometer

Aus Versehen ist eine Luftblase in ein Quecksilberbarometer geraten. Dadurch fällt die Quecksilbersäule der maximalen Länge L bei einem atmosphärischem Druck p_0 und einer Temperatur T_0 auf die Höhe H_0 (siehe Skizze) ab.

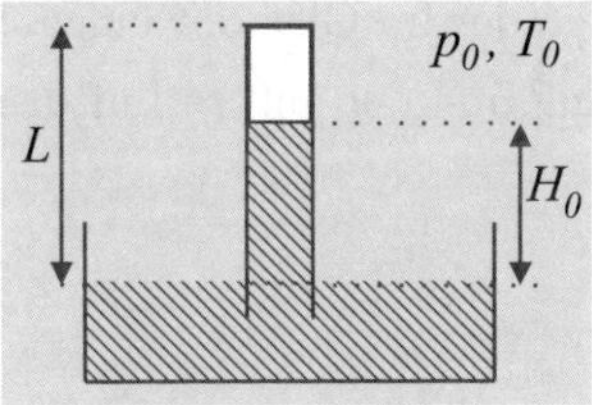

Wie groß ist der atmosphärische Druck p_1, wenn bei einer Temperatur T_1 die Höhe der Quecksilbersäule des defekten Barometers H_1 beträgt?

3.11 Heizelement

Jemand versucht, mit einem 100-W-Heizelement einen Liter Wasser in einer flachen Schale zum Sieden zu bringen. Nach einiger Zeit stellt er fest, dass es nicht klappt, und schaltet das Heizelement aus.

Wie lange dauert es danach, bis das Wasser sich um 1 K abgekühlt hat?

3.12 Eiswürfel

In einem wärmeisolierten Gefäß schwimmt auf einer Wasseroberfläche ein Eiswürfel (Masse des Eises $M = 100\,\text{g}$), in dessen Mitte ein Bleikügelchen (Masse $m = 5\,\text{g}$) eingefroren ist. Die Temperatur des Wassers beträgt $0\,^\circ\text{C}$.

Welche Wärmemenge muss zugeführt werden, damit der Eiswürfel auf den Gefäßboden sinkt?

Hinweise:

Dichte von Blei: $\varrho_{\text{Blei}} = 11{,}3\,\text{g/cm}^3$, Dichte von Eis: $\varrho_{\text{Eis}} = 0{,}9\,\text{g/cm}^3$, Dichte von Wasser: $\varrho_{\text{Wasser}} = 1\,\text{g/cm}^3$, spezifische Schmelzwärme von Eis: $q_{\text{Eis}} = 3{,}3 \cdot 10^5\,\text{J/kg}$.

3.13 Luft – Wasser – Glas

Ein schmales, langes und an beiden Enden zunächst geöffnetes Glasröhrchen wird bis zur Hälfte seiner Länge vertikal in ein mit Wasser gefülltes Becherglas getaucht. Mit einem Finger wird das obere Ende des Glasrohres verschlossen und das gesamte Glasrohr aus dem Wasser gezogen. Sodann wird das Glasrohr langsam – ohne die mit dem Finger verschlossene Öffnung freizugeben – um 180° um eine horizontale Achse gedreht.

Bestimmen Sie die Länge der im Glasrohr eingeschlossenen Luftsäule.

Das Glasrohr ist $1\,\text{m}$ lang und der äußere Luftdruck beträgt $105\,\text{kPa}$.

3.14 Wärmefluss

Der spezifische Wärmewiderstand ϱ eines geraden, homogenen Drahtes ist definiert als Verhältnis der beiden Produkte aus Temperaturdifferenz zwischen den beiden Enden des Drahtes und seiner Querschnittsfläche sowie Wärmefluss (in Watt) durch diesen Draht und seine Länge.

a) Ein Mikroprozessor der Leistung 90 W wird mit Wasser gekühlt, wobei Prozessor und Wasserkühlung durch eine 5 mm dicke Kupferplatte mit einer Querschnittsfläche von $1\,\mathrm{cm}^2$ verbunden sind.

   Wie groß ist die Temperaturdifferenz zwischen dem Prozessor und dem Kühlwasser, wenn der spezifische Wärmewiderstand von Kupfer $\varrho = 2{,}6\,\mathrm{mm\,K/W}$ beträgt?

b) Ein aus verschiedenen Legierungen bestehender Draht besitzt einen Querschnitt von $1\,\mathrm{mm}^2$ und eine Länge von 4 cm. Sein spezifischer Wärmewiderstand ist im Graphen dargestellt.

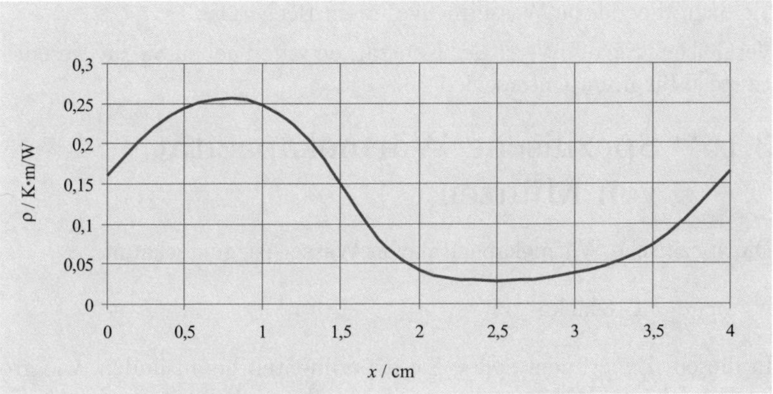

   Bestimmen Sie den Wärmefluss durch den Draht für den Fall, dass die Drahtenden auf Temperaturen von 100 °C bzw. 0 °C gehalten werden.

3.15* Abkühlung von Wasser

Der kugelförmige Teil eines Rundkolbens (0,5 bis 1 Liter) sei vollständig mit heißem Wasser gefüllt. Die Wassertemperatur sei ungefähr 40 °C.

Bestimmen Sie experimentell, wie sich die Temperatur über einen Zeitraum von etwa einer Stunde verändert.

Zeigen Sie, dass der Temperaturverlauf in guter Näherung folgendem Gesetz genügt:

$$\vartheta(t) = \alpha \cdot 2^{-t/\tau} + \vartheta_0,$$

wobei t Zeit; ϑ_0 Außentemperatur und $\vartheta(t)$ Wassertemperatur zur Zeit t, sowie α und τ Konstanten sind.

Erläutern Sie die physikalische Bedeutung der Konstanten und bestimmen Sie ihren Wert.

Wiederholen Sie den Versuch für die Abkühlung in einem Zylinder. Geben Sie dazu die gleiche Wassermenge in ein Becherglas.

Vergleichen Sie die Werte der Konstanten τ und geben Sie die wesentliche Ursache für ihren Unterschied an.

3.16* Spezifische Wärmekapazität von Münzen

Die spezifische Wärmekapazität von Wasser ist gut bekannt:

$$c_W = 4{,}18\,\mathrm{kJ\,kg^{-1}K^{-1}}.$$

In diesem Experiment sollen Sie experimentell herausfinden, wie groß – im Vergleich zu Wasser – die spezifische Wärmekapazität c des Materials ist, aus dem 2-Euro-Münzen bestehen.

Erlaubt ist die Verwendung aller Hilfsmittel, die sich in einem normalen Haushalt befinden (können). Zusätzlich werden Sie ein geeignetes Thermometer benötigen. Das müssten Sie sich in der Schule leihen oder für ein paar Euro z.B. beim Optiker kaufen.

Bestimmen Sie die spezifische Wärmekapazität möglichst genau. Wählen Sie zwei Varianten als Messverfahren aus. Beschreiben Sie diese und machen Sie jeweils Angaben über statistische Fehler und den Einfluss systematischer Fehler auf das Ergebnis.

3.17* Dampfdruck

Füllen Sie einen Kochtopf oder eine Pfanne etwa 3 cm hoch mit Wasser und bringen Sie das Wasser auf einem Herd zum Sieden. Stülpen Sie jetzt ein zylindrisches Becherglas (z.B. ein hitzeresistentes Saft- oder Honigglas) mit der Öffnung nach unten ins siedende Wasser und nehmen Sie anschließend den Topf bzw. die Pfanne vom Herd.

Sie werden beobachten, dass zunächst Gasblasen aus dem Glas entweichen. Danach dringt Wasser in das Glas ein. Der Wasserpegel im Glas steigt so lange, bis sich das Wasser und das eingeschlossene Gas auf Zimmertemperatur abgekühlt haben.

a) Beschreiben Sie Ihre Versuchsbedingungen und geben Sie eine qualitative Erklärung für den beobachteten Effekt.

b) Wie hoch ist das Wasser nach der Abkühlung im Glas gestiegen? Wiederholen Sie den Versuch noch zweimal, geben Sie den Mittelwert der Steighöhen an und erklären Sie die Abweichungen der Einzelmessungen vom Mittelwert.

c) Berechnen Sie: Wie hoch hätte das Wasser im Glas unter den gegebenen Versuchsbedingungen steigen müssen, wenn das eingeschlossene Gas reine Luft wäre?

d) Das eingeschlossene Gas ist ein Gemisch aus Wasserdampf und Luft. Wie viel Mol Luft enthält das eingeschlossene Gas?

e) Wie groß waren die Partialdrucke von Luft und Wasserdampf zu dem Zeitpunkt τ, als gerade keine Gasblase mehr aus dem Glas entwich?

Ergänzende Hinweise und Informationen:

Der äußere Luftdruck sei $p_0 = 10^5\,\text{Pa}$, der Sättigungsdampfdruck von Wasser bei Zimmertemperatur sei $p_W^{\text{Zi}} = 0{,}026 \cdot 10^5\,\text{Pa}$ und die Temperatur des eingeschlossenen Gases zum Zeitpunkt τ sei $\vartheta_\tau = 95\,^\circ\text{C}$.

Geben Sie die Formeln möglichst genau an und begründen Sie die verwendeten Näherungen. Verwenden Sie für die Berechnung den in Aufgabeteil b) erhaltenen Mittelwert.

4 Optik

4.1 Sammellinse und Prismen

Eine dünne Sammellinse mit der Brennweite $f = 60\,\mathrm{cm}$ und zwei gleiche schmale Prismen werden zusammengestellt, so wie in der Abbildung gezeigt. In Richtung der optischen Achse fällt ein monochromatisches Parallellichtbündel auf das System.

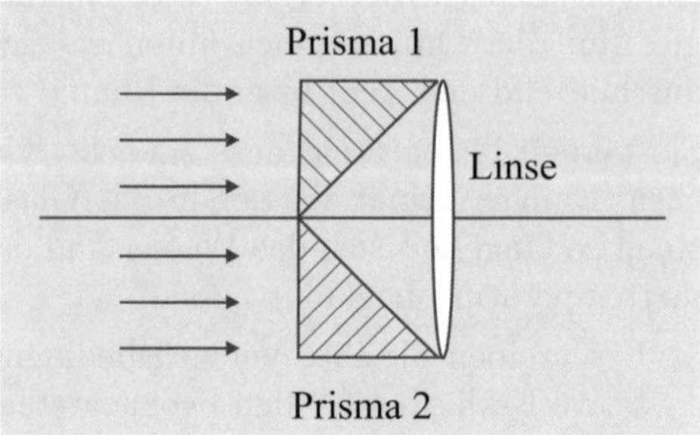

In der Brennebene der Linse beobachtet man zwei Lichtpunkte im Abstand $d = 8{,}4\,\mathrm{cm}$.

Wie groß ist der brechende Winkel der Prismen?

Der Brechungsindex des Glases ist $n = 1{,}5$.

4.2 Halo

Ab und zu kann man um die Sonne einen schwach gefärbten Ring beobachten. Er hat einen rötlichen Innen- und einen weniger intensiven bläulichen Außenrand. Man bezeichnet ihn als Halo.

a) Untersuchen Sie, durch welche Art von Schwebeteilchen (siehe Anmerkungen) der Halo erzeugt werden kann.

b) Erklären Sie, warum der Winkelradius des Halo meistens etwa 22° beträgt.

Anmerkungen:

In der Hochtroposphäre können sich Staub, Eis und Wasser befinden. Man nehme an, dass der Staub in Form kleiner kugelförmiger Teilchen vorliegt. Das Eis soll aus langgestreckten Kriställchen bestehen, die die Form regelmäßiger sechsseitiger Säulen haben. Das Wasser kommt sowohl als Wasserdampf wie auch in Form winziger Tröpfchen vor.

Für die Streustrahlungsleistung gilt $P \sim (1 + \cos^2 \beta) \cdot (\lambda^4 r^2)^{-1}$, wobei β der Streuwinkel und r der Abstand zwischen Beobachter und streuendem Objekt ist.

4.3 Linse und drehender Spiegel

Auf einen rotierenden Spiegel (Kreisfrequenz ω) fallen parallele monochromatische Lichtstrahlen, die nach der Reflexion mit einer dünnen Sammellinse auf einem Schirm abgebildet werden.

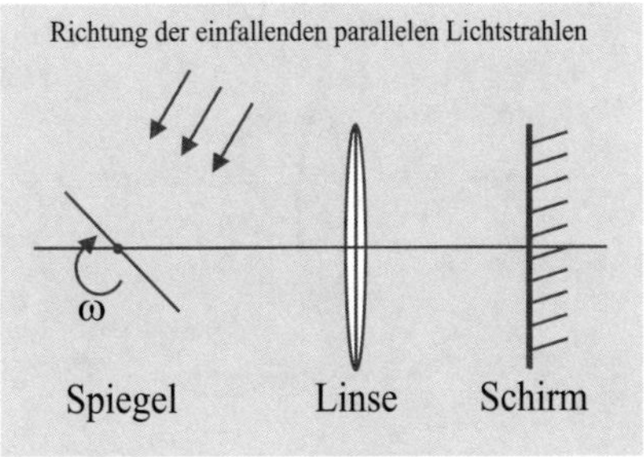

Der Schirm steht im Brennpunkt und senkrecht zur optischen Achse der Linse. Die Drehachse des Spiegels steht ebenfalls senkrecht zur optischen Achse der Linse (siehe Skizze).

Bestimmen Sie die Geschwindigkeit, die der Lichtpunkt im Brennpunkt der Linse besitzt.

4.4 Glasprisma

Ein Glasprisma ($n = 1{,}5$) mit der Form eines Viertelzylinders ($R = 5\,\text{cm}$) liegt auf einem Tisch. Seine vertikale Fläche wird von einem horizontalen Lichtbündel getroffen.

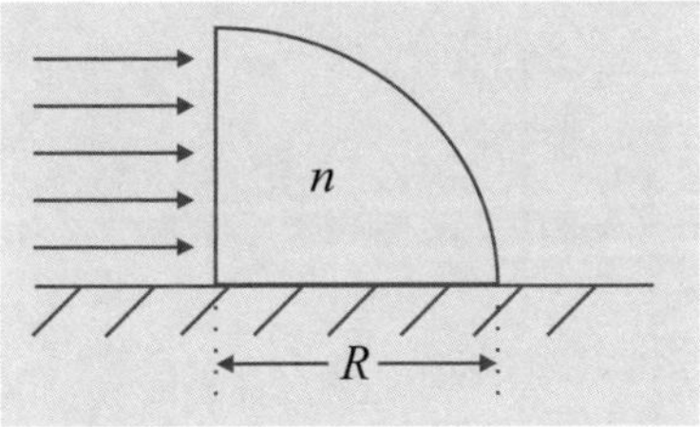

Welche Stellen der Tischfläche hinter dem Viertelzylinder werden beleuchtet?

4.5 Konvexlinse und Planspiegel

Genau unter einer Konvexlinse befindet sich in einigem Abstand eine Punktlichtquelle S.

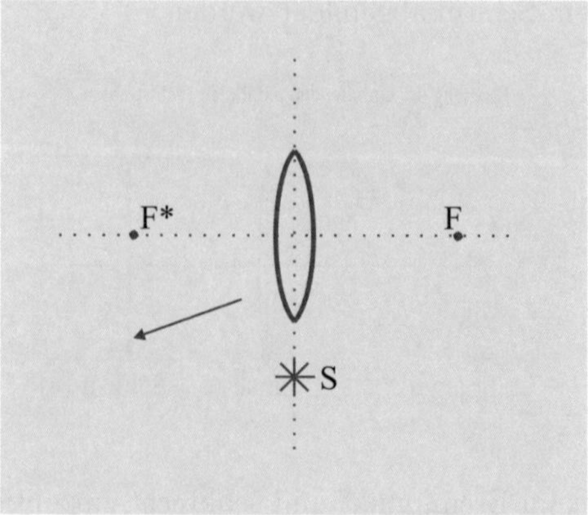

Wo und wie muss man einen Planspiegel anbringen, wenn man hinter der Linse ein Parallellichtbündel in Richtung des Pfeils haben möchte?

Lösen Sie die Aufgabe zeichnerisch und beschreiben Sie die Konstruktion.

4.6 Fresnelprisma

Wenn ein Lichtbündel senkrecht auf ein Fresnelprisma fällt, wird es in zwei Teilbündel aufgespalten, die hinter dem Prisma interferieren.

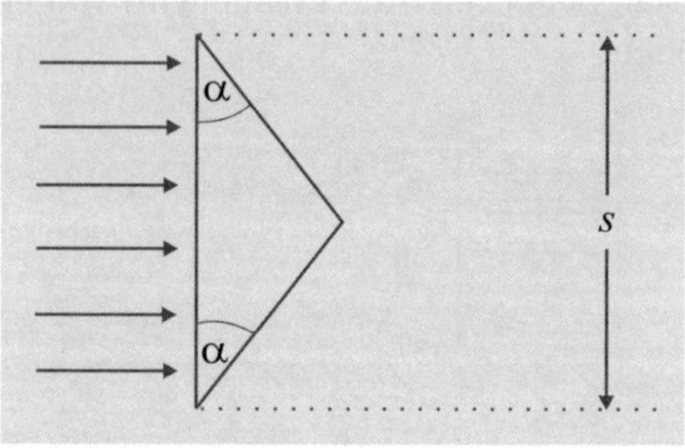

Bis zu welchem Abstand vom Prisma kann man Interferenzstreifen beobachten?

Nehmen Sie $s = 4\,\text{cm}$; $\alpha = 1^\circ$ und $n = 1{,}5$ (Brechzahl des Glases) an.

4.7 Sammellinse und bewegter Gegenstand

Mit einer dünnen Sammellinse ($f = 50\,\text{cm}$) wird das Bild eines leuchtenden Punktes beobachtet. Er bewegt sich so, dass ein Bildpunkt die optische Achse im Abstand $b = 175\,\text{cm}$ von der Linse unter dem Winkel $\varphi = 30^\circ$ mit der Geschwindigkeit $v = 11{,}55\,\text{m/s}$ kreuzt.

Berechnen Sie Betrag und Richtung der Geschwindigkeit des leuchtenden Punktes.

4.8 Schatten

Erzeugen Sie an einem hellen, sonnigen Tag, wenn die Sonne hoch über dem Horizont steht, den Schatten einer scharfkantigen (Kartei-) Karte und den Ihres Fingers, indem Sie Karte und Hand wie in der Skizze anordnen und als ebenen Schirm z.B. eine weiße Wand oder ein Blatt Papier verwenden.

Wenn Sie den vertikalen Abstand zwischen Ihrem Finger und der Kartenkante verringern, „wächst" ein Schatten in den vormals ausgeleuchteten Bereich des Schirms (siehe Skizze).

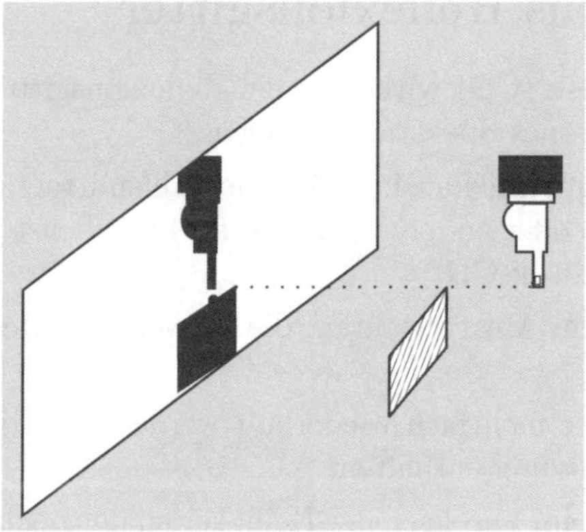

a) Erklären Sie diesen Effekt und führen Sie das beschriebene Experiment selbst durch.

b) Schätzen Sie aus den experimentellen Daten die Winkelausdehnung der Sonne ab.

4.9 Spiegelbild

Ein Spiegel besteht aus einer dicken Glasscheibe (Dicke d, Brechzahl n), deren Rückseite verspiegelt ist. In der Entfernung g von der Vorderseite des Spiegels befindet sich ein Gegenstand.

Wie weit scheint das Spiegelbild vom Gegenstand entfernt zu sein?

4.10 Lichtquelle und Lichtfleck

Eine Lichtquelle in der Form eines dünnen Bandes (Länge 10 cm) liegt auf der optischen Achse einer dünnen Sammellinse mit der Brennweite $f = 0{,}05\,\text{m}$ und dem Durchmesser 1 cm. Der minimale Abstand der Lichtquelle zur Sammellinse beträgt 10 cm.

Bestimmen Sie die minimale Größe des Lichtflecks, den diese Lichtquelle auf einem verschiebbaren Schirm verursacht, der stets senkrecht zur optischen Achse der Linse ist.

Bestimmen Sie dazu das Bild vom vorderen und das vom hinteren Ende der Lichtquelle und fügen Sie in Ihrer Lösung eine geeignete Skizze bei.

4.11* CD als Reflexionsgitter

Eine Compact-Disk (CD) wirkt wie ein Reflexionsgitter. Man kann mit ihr ein wunderschönes Spektrum erzeugen.

Bestimmen Sie mit Hilfe haushaltsüblicher Hilfsmittel (also ohne Verwendung eines Lasers oder anderer Laborgeräte) möglichst genau die Gitterkonstante einer Musik-CD.

Beschreiben Sie Ihr Messverfahren, die verwendete Messanordnung und die Auswertung.

Die Messung sollte mehrfach wiederholt werden und das Ergebnis sollte eine Fehlerabschätzung enthalten.

Was fällt Ihnen beim Vergleich der Helligkeiten der beiden Maxima erster Ordnung des Gitterspektrums auf? Welche Erklärung gibt es dafür?

Hinweis:

Für die Spektralfarben gelten folgende Wellenlängenbereiche:

blau: 400-490 nm; grün: 490-580 nm; gelb: 580-600 nm; rot: 600-800 nm.

4.12* Brechzahl von Wasser

Bestimmen Sie die Brechzahl von Wasser mit folgenden Geräten:

- Spiegel (Taschenspiegel),
- Glasplatte (Objektträger für mikroskopische Präparate),
- Draht mit bekanntem Durchmesser (1 bis 2 mm),
- Pappstreifen mit 2 Markierungen (im Abstand von 5 bis 10 mm),
- Stativmaterial,
- Maßstab.

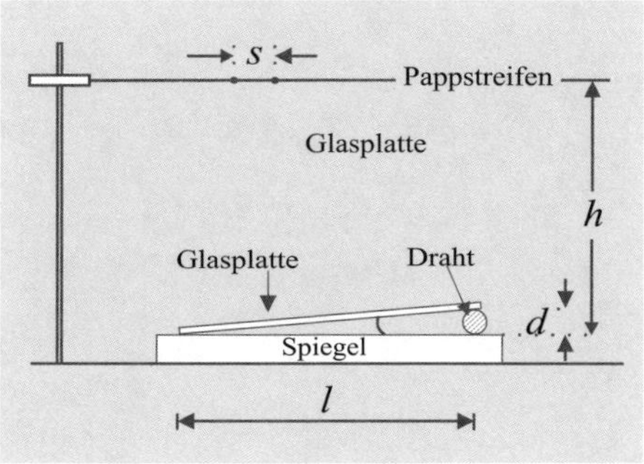

Der Spiegel wird horizontal gelegt; darauf die Glasplatte mit parallel zur kürzeren Kante unterlegtem Draht. Zwischen die Glasplatte und den Spiegel wird Wasser gebracht, so dass ein Prisma mit kleinem brechendem Winkel entsteht.

Der Pappstreifen mit zwei Strichen im Abstand s wird oberhalb des Prismas so befestigt, dass die Striche parallel zur brechenden Kante sind. Der Pappstreifen wird nun in der Höhe über dem Spiegel einjustiert, bei der die Spiegelbilder der Striche mit und ohne Prisma genau um den Strichabstand voneinander entfernt sind.

Die Bearbeitung soll enthalten:

a) theoretische Herleitung der Abhängigkeit der Brechzahl n von den gemessenen Größen,

b) Tabelle mit den Messwerten bei mindestens fünf verschiedenen brechenden Winkeln des Prismas,

c) grafische Darstellung der Messwerte,

d) Bestimmung von n aus b) oder c) mit Angabe der Genauigkeit und Diskussion der Fehlerquellen.

Lösungen

1 Mechanik

L–1.1 Straßenverkehr

a) Damit die Ampel passiert werden kann, benötigt das Auto die Zeit $t = s_0/v_0$. Um bei gegebener Gelbphase t_G noch über die Ampel zu kommen, muss die Geschwindigkeit also mindestens

$$(1)\quad v_0 \geq \frac{s_0}{t_\mathrm{G}}$$

betragen.

Die Bremsstrecke s kann man aus dem Energieerhaltungssatz berechnen:

$$(2)\quad \frac{1}{2}mv_0^2 = f\,m\,g\,s\ ,$$

wobei f der Gleitreibungskoeffizient ist. Sie muss kleiner sein als s_0 und man erhält damit eine obere Schranke für v_0:

$$(3)\quad v_0^2 \leq 2\,f\,g\,s_0\ .$$

Beide Bedingungen (Ungleichungen (1) und (2)) zusammengefasst:

$$\frac{s_0}{t_\mathrm{G}} \leq v_0 \leq \sqrt{2fgs_0}\ .$$

Wenn s_0 und f gegeben sind, ist diese Bedingung nur dann für alle v_0 erfüllbar, wenn gilt:

$$(4)\quad \frac{s_0}{t_\mathrm{G}} \leq \sqrt{2fgs_0} \quad \text{oder} \quad t_\mathrm{G} \geq \sqrt{\frac{s_0}{2fg}}\ .$$

Sonst gibt es ein Geschwindigkeitsintervall, in dem das Auto zum Bremsen zu schnell und zum Durchfahren zu langsam ist.

b) Mit den gegebenen Werten $s_0 = 25\,\mathrm{m}$ und $f = 0{,}5$ erhält man:

$$(5)\quad t_\mathrm{G} \geq 1{,}6\,\mathrm{s}\ .$$

L–1.2 Rotierender Stab

Der Stab legt die Strecke L in der Zeit $t = L/v$ zurück. Wenn er flach gegen die Wand stoßen soll, muss er in dieser Zeit eine halbe Umdrehung oder ein Vielfaches davon vollführen.

$$(1) \quad \omega_n t = n\pi \quad \text{bzw.} \quad \omega_n = n \cdot \frac{\pi v}{L} = 0{,}63n\,\frac{1}{\mathrm{s}} \quad \text{mit } n = 1{,}2{,}3,\ldots$$

Diese Bedingung muss jedoch noch durch eine zweite ergänzt werden. Für größere n wird der Stab so schnell rotieren, dass er mit dem sich auf die Wand zu bewegenden Ende gegen sie stößt, bevor der Massenmittelpunkt sie erreicht hat. Damit dies nicht geschieht, darf die Geschwindigkeit u des Stabendes im mitbewegten System nicht größer sein als die Geschwindigkeit v, mit der sich das System bewegt, also als die Geschwindigkeit des Massenmittelpunktes. Es gilt:

$$(2) \quad u = \frac{l}{2}\omega$$

und damit erhält man als zweite Bedingung:

$$(3) \quad \frac{l}{2}\omega \leq v \quad \text{bzw.} \quad \omega \leq \frac{2v}{l} = 2\,\frac{1}{\mathrm{s}}\,.$$

Es kommen also nur die folgenden drei Winkelgeschwindigkeiten in Betracht: $\omega_1 = 0{,}63\,\mathrm{s}^{-1}$, $\omega_2 = 1{,}26\,\mathrm{s}^{-1}$ und $\omega_3 = 1{,}89\,\mathrm{s}^{-1}$.

L–1.3 Sandkörner

Die Masse der Eiswürfel (Masse$_{\text{Eis}}$ + Masse$_{\text{Sand}}$) bestimmt sich aus der Masse der Wassersäule, um deren Höhe die Wasseroberfläche gestiegen ist. Es gilt:

(1) $m_{\text{Eiswürfel}} = A \cdot H_1 \cdot \varrho_{H_2O} = 2{,}0\,\text{kg}\ .$

a) Lösungsweg 1:

Es gilt:

(2) $m_{\text{Eiswürfel}} = \varrho_{H_2O} \cdot A \cdot (H_1 - H_2) + (\varrho_{\text{Sand}} - \varrho_{H_2O})V_{\text{Sand}}\ .$

Aus Gl. (2) folgt:

(3) $$\begin{aligned} m_{\text{Sand}} &= \varrho_{\text{Sand}} \cdot V_{\text{Sand}} \\ &= \frac{m_{\text{Eiswürfel}} - \varrho_{H_2O} \cdot A \cdot (H_1 - H_2)}{1 - \frac{\varrho_{H_2O}}{\varrho_{\text{Sand}}}} \\ &= \frac{A \cdot \varrho_{H_2O} H_2}{1 - \frac{\varrho_{H_2O}}{\varrho_{\text{Sand}}}} = 166{,}7\,\text{g}. \end{aligned}$$

Aus Gl. (3) und Gl. (1) folgt:

(4) $m_{\text{Eis}} = m_{\text{Eiswürfel}} - m_{\text{Sand}} = 1833{,}3\,\text{g}\ .$

b) Lösungsweg 2:

Wenn der Sand auf den Gefäßboden gesunken ist, übt er darauf einen mittleren Druck der Größe:

(5) $$p = \frac{(\varrho_{\text{Sand}} - \varrho_{H_2O}) \cdot V_{\text{Sand}} \cdot g}{A}$$

aus. Dieser Druck entspricht – da die Gesamtmasse des Eiswürfels auch nach dem Schmelzen erhalten bleibt – der Druckänderung, die durch die sinkende Wassersäule im Gefäß gegeben ist:

(6) $$\rho = \frac{A \cdot H_2 \cdot \varrho_{H_2O} \cdot g}{A}\ .$$

Aus den Gln. (5) und (6) folgt:

(7) $$m_{\text{Sand}} = \varrho_{\text{Sand}} \cdot V_{\text{Sand}} = \frac{A \cdot \varrho_{H_2O} \cdot H_2}{1 - \frac{\rho_{H_2O}}{\varrho_{\text{Sand}}}} = 166{,}7\,\text{g}\ .$$

Aus den Gln. (7) und (1) folgt:

(8) $m_{\text{Eis}} = 1833{,}3\,\text{g}\ .$

L–1.4 Schwimmendes Gefäß

Wenn das System schwimmt, ist sein Gewicht gleich der Auftriebskraft

$$(1)\quad (M+m)g = \varrho g \pi \frac{d^2}{4}(s+h)\ .$$

Der hydrostatische Druck, der dafür sorgt, dass der Boden nicht abfällt, ist in der Tiefe $s+h$ gegeben durch $\varrho g(s+h)$. Die Kraft, mit der der Boden gegen den Zylinder gedrückt wird, ist also

$$(2)\quad F = \varrho g \pi \frac{d^2}{4}(s+h) - Mg\ .$$

Aus Gl. (1) und Gl. (2) folgt: $F = mg > 0$. Der Boden wird nicht abfallen.

Wenn man Wasser in das Gefäß gießt, ändert sich an der Argumentation nichts. Das Wasser bedingt einen zusätzlichen Masseterm in Gl. (1), der in Gl. (2) als nach unten wirkende Kraft eingeht. Es folgt dazu analog $F = m \cdot g > 0$. Der Zylinder wird tiefer eintauchen, aber der Boden wird nicht abfallen.

L–1.5 Fontäne

Es sei v_0 die Wassergeschwindigkeit an der Mündung der Fontäne. Um das Wasser (Masse $= \varrho \cdot V$) auf diese Geschwindigkeit zu bringen, benötigt man die Pumpenleistung P:

$$(1)\quad P = \frac{1}{2} \cdot \frac{\varrho V v_0^2}{t}\ .$$

Im Zeitraum t, in dem das Wasser bis zur maximalen Höhe h steigt, werden $V = 3\,\mathrm{m}^3$ Wasser gepumpt.

Es ist $t = v_0/g$ mit $v_0 = \sqrt{2\,g\,h}$.

Also gilt:

$$(2)\quad P = \frac{1}{2}\varrho V g v_0 \approx 0{,}8\,\mathrm{MW}\ .$$

L–1.6 Würmer

Im Folgenden wird angenommen, dass die Würmer punktförmig sind.

Anfänglich befinden sich die Würmer laut Aufgabenstellung auf den Ecken eines gleichseitigen Dreiecks der Kantenlänge 50 cm.

Aufgrund ihrer symmetrischen Bewegung befinden sie sich zu jedem Zeitpunkt auf den Ecken eines gleichseitigen Dreiecks, wobei die Mittelpunkte aller Dreiecke zusammenfallen und die Kantenlängen der Dreiecke mit der Zeit abnehmen.

Die Würmer treffen sich daher im Mittelpunkt des ursprünglichen Dreiecks.

Je zwei der drei Würmer bewegen sich zu jedem Zeitpunkt mit einer Relativgeschwindigkeit von

$$(1) \quad v_{\text{rel}} = v + v\cos 60^\circ = \frac{3}{2}v = 4{,}5\,\frac{\text{cm}}{\text{min}}$$

aufeinander zu.

Die Würmer werden sich daher nach einer Zeit

$$(2) \quad t = \frac{50\,\text{cm}}{4{,}5\,\frac{\text{cm}}{\text{min}}} \approx 11\,\text{min}$$

treffen.

L–1.7 Kreidestück

Die Kreide befinde sich in der Position $x = 0$ auf dem Tisch; bevor er sich mit v_0 in die positive x-Richtung bewegt. Die Kreide wird als sehr klein angenommen.

- Fall 1: Die Kreide erreicht während des Zeitintervalls τ die Geschwindigkeit v_0.

  Dabei legt sie in der Zeit

  $$(1) \quad t_1 = \frac{v_0}{\mu g}$$

  die Strecke

  $$(2) \quad s_1 = -v_0 t_1 + \frac{1}{2}\mu g t_1^2 = -\frac{v_0^2}{2\mu g}$$

  zurück.

Nach der Zeit τ bewegt sich die Kreide in positive x-Richtung für eine Zeit

$$(3) \quad t_2 = \frac{v_0}{\mu g}$$

um die Strecke

$$(4) \quad s_2 = v_0 t_2 - \frac{1}{2}\mu g t_2^2 = \frac{v_0^2}{2\mu g} \ .$$

Der entsprechende Kreidestrich erstreckt sich daher auf dem Tisch von

$$(5) \quad x = -\frac{v_0^2}{2\mu g} \qquad \text{bis} \qquad x = 0\,\mathrm{m} \ .$$

Der gesamte Kreidestrich ist in diesem Fall also $v_0^2/2\mu g$ lang.

- Fall 2: Die Kreide erreicht während des Zeitintervalls τ nicht die Geschwindigkeit v_0.
  Relativ zum Laborsystem erreicht die Kreide die Geschwindigkeit

$$(6) \quad v = \mu g \tau \ .$$

Der Kreidestrich auf dem Tisch ist

$$(7) \quad |s_1| = \left| -v_0\tau + \frac{1}{2}\mu g \tau^2 \right|$$

lang.
Nach der Zeit τ bewegt sich die Kreide in positive x-Richtung um die Strecke

$$(8) \quad s_2 = \frac{v^2}{2\mu g} = \frac{1}{2}\mu g \tau^2 \ .$$

Da $|s_1| > s_2$ ist der Kreidestrich $|s_1|$ lang und erstreckt sich im Intervall

$$(9) \quad \left[-v_0\tau + \frac{1}{2}\mu g \tau^2 , 0 \right] \ .$$

L–1.8 Stab auf glattem Tisch

Da die Tischplatte glatt sein soll, kann von der Reibung abgesehen werden.

Die Bewegung, die der Stab durch den Kraftstoß erhält, setzt sich zusammen aus einer Bewegung seines Massenmittelpunktes und einer Rotation des Stabes darum. Wenn das untere Ende des Stabes nicht unterstützt wäre, müsste die Vertikalkomponente der Bewegung des Massenmittelpunktes ein freier Fall mit der Beschleunigung g sein. Die Rotation des Stabes um den Massenmittelpunkt bedeutet, dass das untere Ende eine Zentripetalbeschleunigung $a = \omega^2 s$ erfährt. Anfangs, solange der Stab noch nahezu vertikal ist, ist die Beschleunigung vertikal nach oben gerichtet. Das untere Ende verliert demnach den Kontakt zum Boden, wenn gilt:

(1) $a = \omega^2 s > g$.

Zur Bestimmung von ω werden die Bewegungsgleichungen für den Massenmittelpunkt aufgestellt. Es sei v_s die Geschwindigkeit des Massenmittelpunktes, $\int F\,\mathrm{d}t$ der Kraftstoß auf das obere Ende und $I = \frac{1}{3}ms^2$ das Trägheitsmoment des Stabes um eine horizontale Schwerpunktachse.

Aus $mv_s = \int F\,\mathrm{d}t$ und $I\omega = s\int F\,\mathrm{d}t$ erhält man:

(2) $\omega s = 3v_s$.

Die Lineargeschwindigkeit des Stabendes ist in seinem Schwerpunktsystem:

(3) $v = \omega s = 3v_s$.

Im Laborsystem ist die Lineargeschwindigkeit des oberen Stabendes dann gegeben durch

(4) $v_0 = v + v_s = 4v_s$.

Einsetzen in Gl. (2) ergibt:

$$\omega = \frac{3}{4}\frac{v_0}{s} \quad \text{und} \quad a = \omega^2 s = \frac{9}{16}\frac{v_0^2}{s} .$$

Die Ungleichung (1) erhält damit die Form:

(5) $v_0 > \frac{4}{3}\sqrt{s\,g}$.

L–1.9 Bootstour

Es seien x_{B} und x die Abstandskoordinaten des Bootes und des Mannes entlang der Bewegungsrichtung des Mannes im ruhenden System. Anfangs sei $x_{\mathrm{B}} = x = 0$. Auf das Boot wirkt dann die Kraft $-(k\dot{x}_{\mathrm{B}} + m\ddot{x})$, d.h., die Bewegungsgleichung des Bootes ist

(1) $M\ddot{x}_{\mathrm{B}} + m\ddot{x} + k\dot{x}_{\mathrm{B}} = 0$.

Dabei ist k ein Maß für die Viskosität des Wassers.

Wegen der Anfangsbedingungen $x_{\mathrm{B}} = 0$ und $\dot{x}_{\mathrm{B}} = \dot{x} = 0$ folgt nach Integration:

(2) $M\dot{x}_{\mathrm{B}} + m\dot{x} + kx_{\mathrm{B}} = 0$.

a) Die Viskosität des Wassers wird als verschwindend klein angenommen, d.h. $k = 0$: Gl. (2) vereinfacht sich dann zu $M\dot{x}_{\mathrm{B}} + m\dot{x} = 0$ und Integration mit den Anfangsbedingungen $x_{\mathrm{B}} = x = 0$ führt auf:

   (3) $x_{\mathrm{B}} = -\frac{m}{M}x$.

   Dies erhält man auch direkt, wenn man beachtet, dass der Schwerpunkt des Systems in Ruhe bleibt.

b) Der Reibungswiderstand aufgrund der Viskosität sei proportional zur Geschwindigkeit des Bootes, d.h. $k > 0$: Im Endzustand sollen Mann und Boot in Ruhe sein: $\dot{x} = \dot{x}_{\mathrm{B}} = 0$. Daraus folgt $kx_{\mathrm{B}} = 0$ und wegen $k \neq 0$ gilt also $x_{\mathrm{B}} = 0$. Das Boot kehrt zu seinem Ausgangspunkt zurück.

Vergleich:

Es scheint ein Widerspruch vorzuliegen. Bei $k = 0$ entfernt sich das Boot um $|xm\,M^{-1}|$ von seinem Ausgangspunkt. Bei noch so kleinem $k > 0$ kehrt es hingegen zum Ausgangspunkt zurück.

Bei sehr kleinem k hat sich das Boot in dem Moment, in dem der Mann das Ende des Bootes erreicht hat, fast um $|xm\,M^{-1}|$ vom Ausgangspunkt entfernt. Wenn der Mann sich setzt, überträgt er einen Impuls auf das Boot, der gerade ausreichen würde, es zur Ruhe zu bringen, wenn $k = 0$ wäre. Da jedoch k positiv ist, ist der Impuls etwas größer als nötig, um das Boot zur Ruhe zu bringen, und es setzt sich sehr langsam wieder rückwärts in Bewegung. Die Zeit, die das Boot für die Rückkehr braucht, wird um so größer, je kleiner k ist. Für $k = 0$ wird die Rückkehrzeit unendlich lang, d.h., das Boot bleibt im Punkt $|x\,m\,M^{-1}|$.

L–1.10 Hanteln

Im System des Luftkissentisches folgt aus dem Impulserhaltungssatz

$$+mv + (-mv) = mV_1 + mV_2$$

für die Geschwindigkeiten der beiden Hanteln nach dem Stoß:

$$(1) \quad V_1 = -V_2 = V \ .$$

Die Geschwindigkeiten V_1 und V_2 der beiden Hanteln nach dem Stoß sind also wieder entgegengesetzt gleich. Das Gleiche gilt wegen der Drehimpulserhaltung für die Winkelgeschwindigkeit nach dem Stoß.

Aus dem Energieerhaltungssatz

$$\frac{1}{2}2mv^2 + \frac{1}{2}2mv^2 = \frac{1}{2}2mV^2 + \frac{1}{2}2ml^2\omega^2 + \frac{1}{2}2mV^2 + \frac{1}{2}2ml^2\omega^2$$

folgt:

$$(2) \quad v^2 = V^2 + l^2\omega^2 \ .$$

Aus dem Drehimpulserhaltungssatz bezüglich des Massenmittelpunktes des ganzen Systems: $l \cdot 2mv + l \cdot 2mv = l \cdot 2mV + l \cdot 2mV + 2ml^2\omega + 2ml^2\omega$ folgt:

$$(3) \quad v = V + l\omega \ .$$

Aus den Gln. (2) und (3) ergibt sich daher:

$$(4) \quad 2Vl\omega = 0 \ .$$

Diese Beziehung hat zwei mögliche Lösungen. Die erste Lösung ist $\omega = 0$ und damit ist $V = v$.

Außer dieser trivialen Lösung gibt es jedoch noch eine zweite: $V = 0$, d.h., die Massenmittelpunkte beider Hanteln bewegen sich nach dem Stoß nicht. Aus Gl. (3) folgt dann für die Winkelgeschwindigkeiten um die ruhenden Massenmittelpunkte:

$$(5) \quad \omega = \frac{v}{l} \ .$$

Die beiden aufeinander stoßenden Punktmassen tauschen also ihre Geschwindigkeiten aus, während die beiden anderen Punktmassen ihre Geschwindigkeiten beibehalten. Nach einer halben Umdrehung stoßen nun diese beiden Punktmassen zusammen.

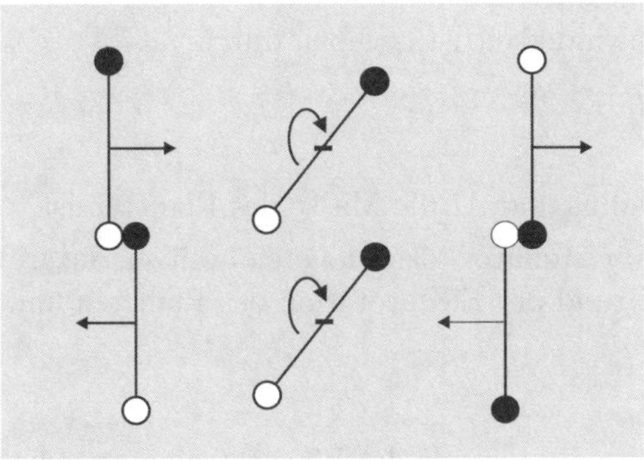

Damit ist gewissermaßen der Anfangszustand wiederhergestellt, wenn auch die beiden Hanteln jetzt „auf dem Kopf stehen".

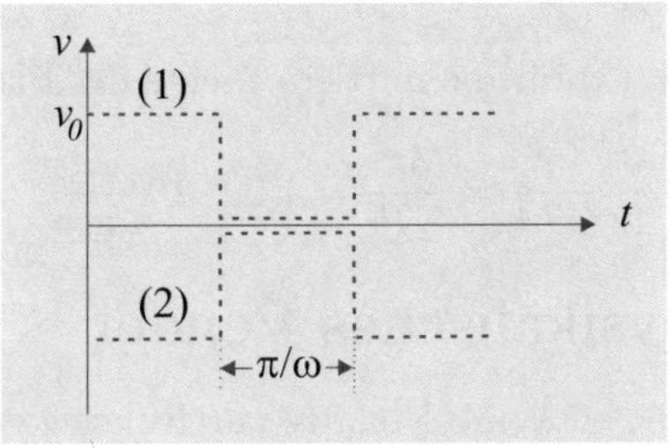

Beide Hanteln setzen ihre ursprüngliche geradlinige Bewegung mit der gleichen Geschwindigkeit fort.

L–1.11 Dichte eines Planeten

Da der Planet „stabil" ist, darf sich kein Bestandteil des Planeten mit einer Geschwindigkeit größer als die erste kosmischen Geschwindigkeit (Fluchtgeschwindigkeit) v_F des Planeten bewegen.

Die Fluchtgeschwindigkeit ist gegeben durch:

$$(1)\quad \frac{v_\mathrm{F}^2}{R} = \frac{GM}{R^2}\,,$$

wobei R der Radius und M die Masse des Planeten ist.

Masseteilchen am „Äquator" des Planeten besitzen die größten Geschwindigkeiten v aufgrund der Eigenrotation des Planeten und zwar gilt:

$$(2)\quad v = \frac{2\pi R}{T}\,,$$

wobei $T = 60\,\mathrm{min}$ die Periode der Eigenrotation des Planeten ist.

Da $v \leq v_\mathrm{F}$ gelten muss, folgt aus den Gln. (1) und (2):

$$(3)\quad T = \frac{2\pi R}{v} \geq \frac{2\pi R}{v_\mathrm{F}} = 2\pi\sqrt{\frac{R^3}{GM}}\,.$$

Damit folgt aus Gl. (3) für die mittlere Dichte des Planeten:

$$(4)\quad \overline{\varrho} = \frac{3}{4\pi}\frac{M}{R^3} \geq \frac{3}{4\pi}\frac{4\pi^2}{GT^2} = \frac{3\pi}{GT^2} = 1{,}09\cdot 10^4\,\frac{\mathrm{kg}}{\mathrm{m}^3}\,.$$

L–1.12 Physikalisches Pendel

Ist der Draht um einen Winkel relativ zur Ruhelage ausgelenkt, so gilt für das rücktreibende Drehmoment D:

$$(1)\quad D = 2\left(\frac{M}{L}R\varphi\right)R\sin\alpha\,,$$

wobei $2\alpha = L\,R^{-1}$ der Winkel zwischen Fäden und M die Masse des Drahtes ist. Das Trägheitsmoment relativ zum Aufhängepunkt beträgt

$$(2)\quad I = MR^2\,.$$

Damit ist die Bewegungsgleichung des Pendels für kleine Amplituden gegeben durch:

$$(3)\quad MR^2\ddot{\varphi} = -\frac{2MR^2 g\sin\alpha}{L}\varphi\,.$$

Für die Schwingungsdauer dieses Pendels gilt daher:

(4) $T = 2\pi\sqrt{\frac{L}{2g\sin\alpha}}$.

Grenzfälle:

- für $L \to 0$ gilt $T \to 2\pi\sqrt{\frac{R}{g}}$ mathematisches Pendel
- für $L = 2\pi R$ gilt $T \to \infty$ physikalisches Pendel, aufgehängt im Schwerpunkt

L–1.13 Modell des Sonnensystems

Nimmt man an, dass die Erde (Masse m) sich auf einer Kreisbahn mit Radius r um die Sonne (Masse M) bewegt, so gilt für die Zentripetalkraft:

(1) $mr\omega^2 = G\frac{mM}{r^2}$.

Die Winkelgeschwindigkeit können wir durch die Umlaufzeit ausdrücken:

(2) $\omega = \frac{2\pi}{T}$.

Die Sonne wird als Kugel mit der mittleren Dichte ϱ betrachtet. Die Masse der Sonne ist daher gegeben durch:

(3) $M = \frac{4}{3}\pi R^3 \varrho$.

Die Daten der Erde spielen offenbar keine Rolle. Jeder Körper, der gegenüber der Sonne klein ist, hat auf der Erdbahn die gleiche Umlaufzeit.

Aus den Gln. (1), (2) und (3) erhält man:

(4) $T^2 = \frac{3\pi}{G\varrho}\left(\frac{r}{R}\right)^3$.

Diese Beziehung enthält die Aussage des 3. Kepler'schen Gesetzes und kann auch mit dessen Hilfe hergeleitet werden.

Die Umlaufzeit hängt also von der universellen Konstanten G, der Dichte der Sonne ϱ, die unverändert bleiben soll, und dem Verhältnis r/R ab, das sich bei einer Verkleinerung des Systems gleichfalls nicht ändert. Die Länge des Jahres bleibt also gleich.

L–1.14 Raumschiffmanöver

Auf dem fernsten „Punkt" der Parabelbahn, im Unendlichen, verschwindet die kinetische Energie des Raumschiffs und wenn dort auch der Nullpunkt der potenziellen Energie angenommen wird, verschwindet seine gesamte Energie. Nach dem Energieerhaltungssatz muss dann auch die Energie im mondnächsten Punkt verschwinden.

Die potenzielle Energie ist gegeben durch:

(1) $$W_{\text{pot}}(r) = -G \cdot \frac{M\,m}{r} \ .$$

Mit $r = R_M$ und $g_M = GM/R_M^2$ erhält man aus Gl. (1):

(2) $$W_{\text{pot}}(R_M) = -mg_M R_M \ .$$

Damit liefert der Energieerhaltungssatz für den mondnächsten Punkt der Bahn:

(3) $$\frac{1}{2}mv_0^2 - mg_M R_M = 0 \ .$$

Also ist:

(4) $$v_0 = \sqrt{2g_M R_M} = 2{,}4 \cdot 10^3\,\frac{\text{m}}{\text{s}} \ .$$

Auf der Kreisbahn um den Mond stellt die Mondanziehung die Zentripetalkraft dar.

(5) $$m\frac{v_1^2}{R_M} = mg_M \ .$$

Also ist:

(6) $$v_1 = \sqrt{g_M R_M} = 1{,}7 \cdot 10^3\,\frac{\text{m}}{\text{s}} \ .$$

Die Geschwindigkeitsänderung beträgt daher:

(7) $$v_0 - v_1 = 0{,}7 \cdot 10^3\,\frac{\text{m}}{\text{s}} \ .$$

L–1.15 Rutschbahn

Beide Körper bewegen sich reibungsfrei. Sie besitzen daher unabhängig vom Weg im Punkt C die gleiche Geschwindigkeit v_C. Da die Wege der beiden Körper gleich lang sind, müssen die Flächen unter den jeweiligen $v(t)$-Kurven gleich groß sein. Durch qualitative Argumentation erhält man das folgende Zeit-Geschwindigkeits-Diagramm und insbesondere das Ergebnis: $t_\mathrm{ABC} > t_\mathrm{ADC}$.

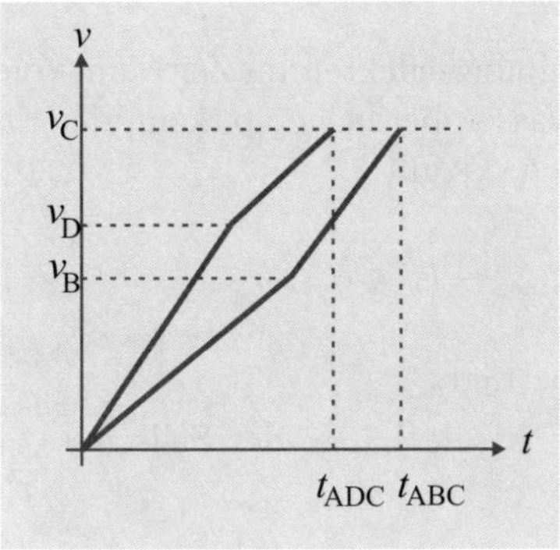

Quantitativ gilt aufgrund der Gesetze der gleichförmig beschleunigten Bewegung:

$$t_\mathrm{AD} = \sqrt{\frac{2h}{g}}\,, \qquad v_\mathrm{D} = gt = \sqrt{2gh}\,,$$

$$t_\mathrm{AB} = \sqrt{\frac{2h}{g\sin\alpha}}\,, \quad v_\mathrm{B} = \sqrt{2gh\sin\alpha}\,,$$

$$v_\mathrm{C} = \sqrt{2g(h + h\sin\alpha)}\ .$$

Aus diesen fünf Größen (t_AD, v_D, t_AB, v_B, v_C) lässt sich das obige Diagramm konstruieren, indem noch zusätzlich ausgenutzt wird, dass die Steigungen im Zeit-Geschwindigkeits-Diagramm zu den Bahnabschnitten AD und BC sowie AB und DC gleich sind.

Es genügt, Δt aus der Zeichnung zu bestimmen (siehe Aufgabenstellung), und zwar gilt dann mit den gegebenen Werten:

(1) $\Delta t = t_\mathrm{ABC} - t_\mathrm{ADC} = 0{,}37\,\mathrm{s}$.

Bemerkung: Die allgemeine Lösung des Problems lautet:

(2) $$\Delta t = \sqrt{\frac{2h}{g}}\frac{1-\sin\alpha}{\sin\alpha}(1 + \sqrt{\sin\alpha} - \sqrt{1+\sin\alpha})\ .$$

L–1.16 Bungee Jumping

a) Das Seil habe die ungedehnte Länge l und eine Federkonstante k. Der Mann besitze eine Masse M und der Schwerpunkt des Mannes befinde sich ungefähr in der Mitte seines Körpers.

Die maximale Länge des Seiles beträgt:

$$(1) \quad l_{\text{max}} = 42\,\text{m} - 2\,\text{m} = 40\,\text{m} \ .$$

Sieht man von Reibungseffekten im Zeitraum vom Absprung bis zum Touchieren der Wasseroberfläche ab, kann der Energieerhaltungssatz angewendet werden. Es gilt:

$$(2) \quad Mgh = \frac{1}{2}k(l_{\text{max}} - l)^2 \ ,$$

wobei $h = 42\,\text{m}$ beträgt.

Im Gleichgewicht ist die Länge des Seils mit „angehängtem Mann" gegeben durch:

$$(3) \quad l_{\text{Gleichgewicht}} = 42\,\text{m} - 2\,\text{m} - 10\,\text{m} = 30\,\text{m} \ ,$$

und es gilt:

$$(4) \quad Mg = k(l_{\text{Gleichgewicht}} - l) \ .$$

Aus den Gln. (2) und (4) folgt:

$$(5) \quad 2h(l_{\text{Gleichgewicht}} - l) = (l_{\text{max}} - l)^2 \ .$$

Also gilt:

$$(6) \quad l^2 + 2(h - l_{\text{max}})l - 2hl_{\text{Gleichgewicht}} + l_{\text{max}}^2 = 0 \ .$$

Einsetzen der Zahlenwerte führt auf die quadratische Gleichung (ohne Einheiten) $l^2 + 4l - 920 = 0$ mit der einzigen physikalisch sinnvollen Lösung:

$$(7) \quad l = 28\,\text{m} \ .$$

b) Der Mann besitzt maximale Geschwindigkeit, wenn seine Beschleunigung null ist. Dies ist gerade bei der Ausdehnung $l_{\text{Gleichgewicht}}$ der Fall. Anwendung des Energieerhaltungssatzes führt auf:

$$(8)\quad \frac{1}{2}Mv^2 + \frac{1}{2}k(l_{\text{Gleichgewicht}} - l)^2 = Mg(l_{\text{Gleichgewicht}} + h_0)\ ,$$

wobei $h_0 = 2\,\text{m}$ die Größe des Mannes ist. Mit

$$(9)\quad \frac{M}{k} = \frac{l_{\text{Gleichgewicht}} - l}{g}$$

aus Gl. (4) folgt:

$$(10)\quad v \approx 25\,\frac{\text{m}}{\text{s}} \approx 89\,\frac{\text{km}}{\text{h}}\ .$$

L–1.17 Kickstart

Anfangs ist die mögliche Beschleunigung a durch die Gleitreibungskraft F_{R} begrenzt (die Räder dürfen nicht durchdrehen):

$$(1)\quad a = \frac{F_{\text{R}}}{m} = \mu g\ .$$

Der Motor kann also erst von einer gewissen Zeit t_1 bzw. Geschwindigkeit v_1 die volle Leistung N abgeben.
Mit $v_1 = at_1 = \mu g t_1$ und $N = F_{\text{R}} v_1 = \mu^2 g^2 m t_1$ folgt:

$$(2)\quad t_1 = \frac{N}{\mu^2 g^2 m} \approx 2{,}4\,\text{s}\ .$$

Um das Auto von v_1 auf $v_2 = 100\,\text{km/h}$ zu beschleunigen, ist die Arbeit $\frac{1}{2}m(v_2^2 - v_1^2)$ nötig. Der Motor arbeitet dabei mit voller Leistung N und zwar während der Zeit t_2:

$$(3)\quad t_2 = \frac{m}{2N}(v_2^2 - v_1^2) = \frac{m}{2N}(v_2^2 - \mu^2 g^2 t_1^2) \approx 3{,}4\,\text{s}\ .$$

Daher beträgt die gesuchte Zeit:

$$(4)\quad t = t_1 + t_2 = 5{,}8\,\text{s}\ .$$

L–1.18 Geleistete Arbeit

Die gesamte zu leistende Arbeit setzt sich zusammen aus der elektrischen Energie E_e aufgrund Wechselwirkung der beiden geladenen Kugeln und der potenziellen Energie E_pot der Kugel A, d.h. es gilt:

(1) $W = E_\mathrm{e} + E_\mathrm{pot}$.

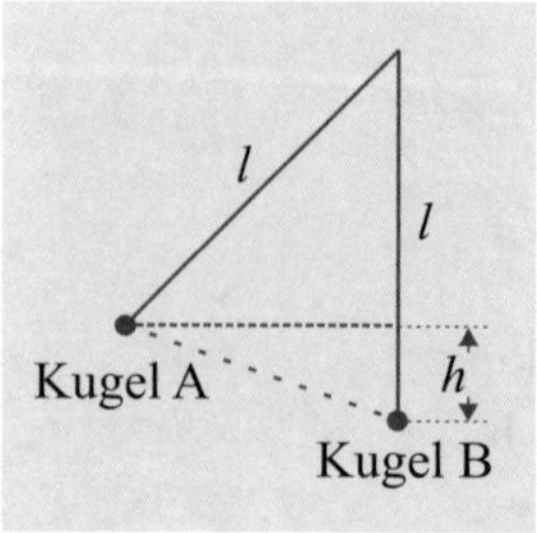

Die Abbildung zeigt die sich einstellende Situation, wobei l die Länge des Fadens, Q die Ladung von Kugel A, $\tilde{Q}$ die Ladung von Kugel B und r die Entfernung der beiden Kugeln zueinander ist.

Die Kugel A befindet sich im Gleichgewicht, wenn das Verhältnis von Coulombkraft zu Gewichtskraft gleich dem Verhältnis von Kugelentfernung r zu Fadenlänge l ist:

(2) $$\frac{\frac{1}{4\pi\epsilon_0} \cdot \frac{Q \cdot \tilde{Q}}{r^2}}{M \cdot g} = \frac{r}{l} .$$

Aus der Geometrie des Problems folgt

(3) $$\frac{r}{h} = \frac{l}{\frac{r}{2}} .$$

Mit den Gln. (2) und (3) folgt für r:

(4) $$r = \frac{1}{4\pi\epsilon_0} \cdot \frac{Q \cdot \tilde{Q}}{2Mgh} .$$

Die elektrostatische Energie E_e des Systems ist:

(5) $$E_\mathrm{e} = \frac{1}{4\pi\epsilon_0} \cdot \frac{Q \cdot \tilde{Q}}{r} = 2Mgh .$$

Die gesamte zu leistende Arbeit beträgt daher nach Gl. (1):

(6) $W = 2Mgh + Mgh = 3Mgh$.

L–1.19* Pendel aus Metalldraht

Es sei $s = h/2$ der Abstand des Schwerpunktes des Pendels von seinem Unterstützungspunkt und I sein Trägheitsmoment. Dann gilt für die Schwingungsdauer des Pendels:

$$(1) \quad T = 2\pi\sqrt{\frac{I}{Mgs}} = 2\pi\sqrt{\frac{2I}{Mgh}} \quad \text{bzw.} \quad g = \frac{8\pi^2 I}{MhT^2} .$$

– Fall 1: Schwingung „in der Zeichenebene“:

Das Trägheitsmoment ist gleich demjenigen eines geraden Stabes der Länge l um eine senkrechte Achse durch seinen Mittelpunkt.

$$(2) \quad I_1 = \frac{1}{12}Ml^2 \quad , \quad g = \frac{2\pi^2 l^2}{3hT_1^2} .$$

– Fall 2: Schwingung „senkrecht zur Zeichenebene“:

Das Trägheitsmoment ist gleich demjenigen eines Stabes der Länge h und der Masse M um eine senkrechte Achse durch einen Endpunkt.

$$(3) \quad I_2 = \frac{1}{3}Mh^2 \quad \text{bzw.} \quad g = \frac{8\pi^2 h}{3T_2^2}$$

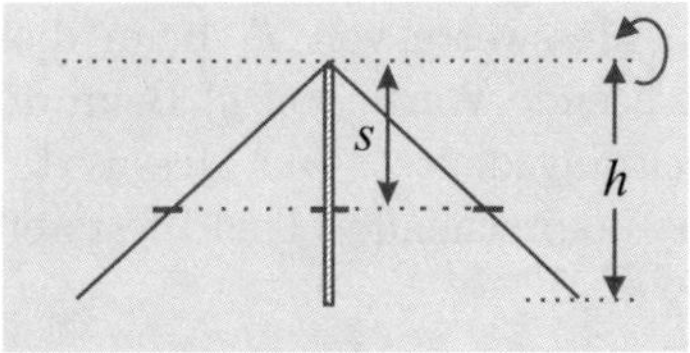

Die Messwerte, die in der folgenden Tabelle wiedergegeben sind, wurden mit zwei Pendelkörpern aus Kupfer-Schweißdraht aufgenommen. Beide waren 40 cm lang. Der eine Draht hatte einen Durchmesser von 2 mm, der andere von 1,5 mm.

Die Schwingungsdauer „in der Zeichenebene“ lässt sich sehr genau ermitteln. Man kann leicht 50 oder 100 Schwingungen stoppen. „Senkrecht zur Zeichenebene“ schwingt das Pendel nicht so stabil. Die in der Tabelle angegebenen Werte sind Mittelwerte über 5 Messungen von je 10 Schwingungsdauern. Diese Werte einigermaßen genau zu messen, erfordert etwas Geschick.

Die Höhe h wurde durch Auflegen des Pendelkörpers auf einen Bogen Millimeterpapier bestimmt.

		Draht $l = 40\,\mathrm{cm}$, $r = 1\,\mathrm{mm}$				Draht $l = 40\,\mathrm{cm}$, $r = 0{,}75\,\mathrm{mm}$	
		„in der Ebene“		„senkrecht zur Ebene“		„in der Ebene“	
$h/\,\mathrm{cm}$	$\frac{\alpha}{2}/\,^\circ$	$T_1/\,\mathrm{s}$	$g/\,\mathrm{m\,s^{-2}}$	$T_2/\,\mathrm{s}$	$g/\,\mathrm{m\,s^{-2}}$	$T_1/\,\mathrm{s}$	$g/\,\mathrm{m\,s^{-2}}$
4	79	1,666	9,48	0,327	9,85	1,647	9,70
6	72	1,360	9,49	0,399	9,92	1,344	9,71
8	66	1,170	9,61	0,461	9,91	1,163	9,73
10	60	1,044	9,66	0,513	10,00	1,047	9,60
12	53	0,948	9,76	0,565	9,89	0,945	9,82
14	46	0,877	9,78	0,612	9,84	0,876	9,80
16	37	0,820	9,79	0,649	10,00	0,816	9,88
18	26	0,769	9,89	0,689	9,98	0,772	9,81

$\overline{g} = 9{,}68\,\frac{\mathrm{m}}{\mathrm{s}^2}$ $\overline{g} = 9{,}92\,\frac{\mathrm{m}}{\mathrm{s}^2}$ $\overline{g} = 9{,}76\,\frac{\mathrm{m}}{\mathrm{s}^2}$

Beim Vergleich der Messreihen fällt Folgendes auf:

Die Werte für T_1 ergeben meist einen zu kleinen Wert von g, diejenigen für T_2 einen zu großen. Dieser Effekt ist bei dem dicken Draht größer als bei dem dünnen.

Die Messwerte von T_1 beim dicken Draht ergeben mit wachsendem h wachsende Werte von g. Beim dünnen Draht ist dieser Effekt immerhin noch angedeutet. Die Messwerte von T_2 streuen zu stark, als dass sich ein entsprechender Trend feststellen ließe.

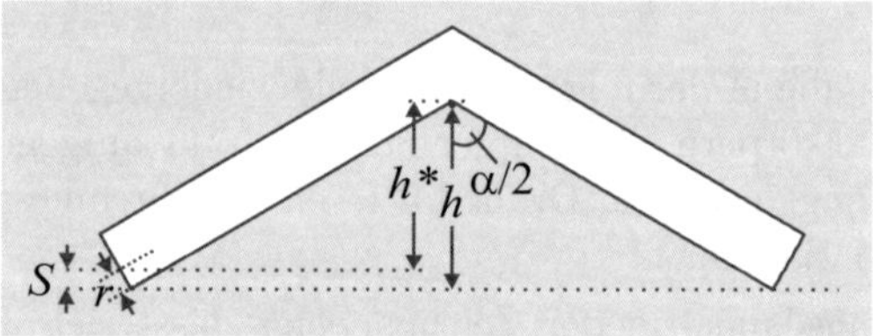

Dies deutet auf einen systematischen Fehler bei der Messung von h hin, der mit h und mit der Drahtdicke abnimmt. Bei der Messung von h wurde von der Schneide bis zur Unterkante des Bügels gemessen, da diese Punkte direkt als Anlage dienen können. Es wäre aber sinnvoller, nur bis zur Mitte der Stirnflächen des Drahtes zu messen, also h durch $h^\star$ zu ersetzen.

(4) $h^\star = h - s = h - r\sin\frac{\alpha}{2} = h\left(1 - \frac{r}{h}\sin\frac{\alpha}{2}\right)$.

Dadurch ergibt sich eine Korrektur für die Schwingungen „in der Zeichenebene“

(5) $g^\star \approx g\left(1 + \frac{r}{h}\sin\frac{\alpha}{2}\right)$

und für die Schwingungen „senkrecht zur Zeichenebene“

(6) $g^\star \approx g\left(1 - \frac{r}{h}\sin\frac{\alpha}{2}\right)$.

Die korrigierten Werte sind in der folgenden Tabelle aufgelistet:

	Draht $r = 1\,\text{mm}$		$r = 0{,}75\,\text{mm}$
$h/\,\text{cm}$	$g/\,\text{m}\,\text{s}^{-2}$ (aus T_1)	$g/\,\text{m}\,\text{s}^{-2}$ (aus T_2)	$g/\,\text{m}\,\text{s}^{-2}$ (aus T_1)
4	9,71	9,61	9,87
6	9,64	9,76	9,83
8	9,72	9,80	9,80
10	9,74	9,91	9,66
12	9,82	9,82	9,87
14	9,83	9,79	9,84
16	9,83	9,96	9,91
18	9,91	9,96	9,83
	$\overline{g} = 9{,}76\,\frac{\text{m}}{\text{s}^2}$	$\overline{g} = 9{,}83\,\frac{\text{m}}{\text{s}^2}$	$\overline{g} = 9{,}83\,\frac{\text{m}}{\text{s}^2}$

Die so korrigierten Werte lassen keine systematischen Fehler mehr erkennen. Als Mittelwert der korrigierten Werte aus allen drei Messreihen erhält man

(7) $g = 9{,}81\,\frac{\text{m}}{\text{s}^2}$.

Der systematische Fehler, der dadurch entsteht, dass der Unterstützungspunkt des Pendels am Rand des Drahtes liegt und nicht in der Mitte, wie bei der Herleitung der Formeln vorausgesetzt, ist vernachlässigbar klein. Davon kann man sich durch die Berechnung der zugehörigen Änderung des Trägheitsmoments leicht überzeugen. Aus diesem Grund fällt auch nicht ins Gewicht, dass der Knick des Stabes nicht scharf ist, sondern abgerundet.

Weitere systematische Fehler können beim Stoppen der Schwingungsdauer entstehen, wenn z.B. die Uhr beim Loslassen des Pendels in Gang gesetzt wird.

Da der Fehler bei der Messung von l vernachlässigt werden kann, ist der größte anzunehmende relative Fehler gegeben durch

$$(8) \quad \frac{\Delta g}{g} = \frac{\Delta h}{h} + 2\frac{\Delta T}{T} \; .$$

Die relativen Fehler von h und T_2 liegen beide in der Größenordnung von 1 %; derjenige von T_1 ist sicher nicht größer als 0,5 %. Die einzelnen Werte von g sollten also nicht mehr als 2 bis 3 % vom wahren Wert abweichen, der Mittelwert von g nicht mehr als 1 %.

Man kann also angeben

$$(9) \quad g = (9{,}81 \pm 0{,}10)\,\frac{\mathrm{m}}{\mathrm{s}^2} \; .$$

L–1.20* Fallender Luftballon

Die theoretische Grundüberlegung ist folgende: Nach einer kurzen Beschleunigungsphase fällt ein Ballon mit konstanter Geschwindigkeit. Die bremsende Kraft ist dann dem Betrag nach gleich der Schwerkraft.

Durch Anhängen kleiner Zusatzgewichte wird die Schwerkraft definiert verändert. Die jeweilige Geschwindigkeit wird durch eine Zeit-Weg-Messung ermittelt. Grafisch lässt sich dann entscheiden, ob sich die bremsende Kraft proportional zu v oder zu v^2 ändert.

Es wird ein (nahezu) kugelförmiger Ballon verwendet, um den störenden Einfluss von Taumelbewegungen gering zu halten.

Ein Freihandversuch zeigt, dass die Fallgeschwindigkeiten in der Größenordnung von 1 m/s liegen. Zur Vermeidung großer Fehler bei der Zeitmessung ist eine Fallstrecke von mehreren Metern zu wählen. Gestoppt wird dann die Zeit vom Start des Ballons bis zum Aufprall. Wegen der Beschleunigungsphase ist die berechnete mittlere Geschwindigkeit systematisch etwas zu klein. Der Effekt ist bei großen Geschwindigkeiten am größten. Ob er vernachlässigt werden kann, wird in einem Vorversuch geklärt.

- Vorversuch:

  Kann die Beschleunigungsphase vernachlässigt werden, so muss sich (für ein und denselben Ballon)

  $$(1) \quad r \cdot v = \text{konstant} \quad \text{bzw. } v \sim \frac{1}{r} \,.$$

  ergeben. Das wird geprüft, indem der Ballon verschieden stark aufgeblasen und dann jeweils r und v (in dem erwarteten Wertebereich) gemessen wird. Der Radius r lässt sich aus dem mit einem Band gemessenen Umfang berechnen. Die jeweilige Fallzeit wird statistisch gemittelt. Die Fallstrecke ist etwa 3,30 m.

$r/\,\text{cm}$	$\frac{1}{r}/\,\text{cm}^{-1}$	$t/\,\text{s}$	$v/\,\text{m}\,\text{s}^{-1}$
6,29	0,159	1,89	1,75
7,32	0,137	2,16	1,53
7,80	0,128	2,24	1,47
8,44	0,118	2,59	1,27
9,07	0,110	2,67	1,24
9,95	0,101	2,99	1,10

Abb. 1:

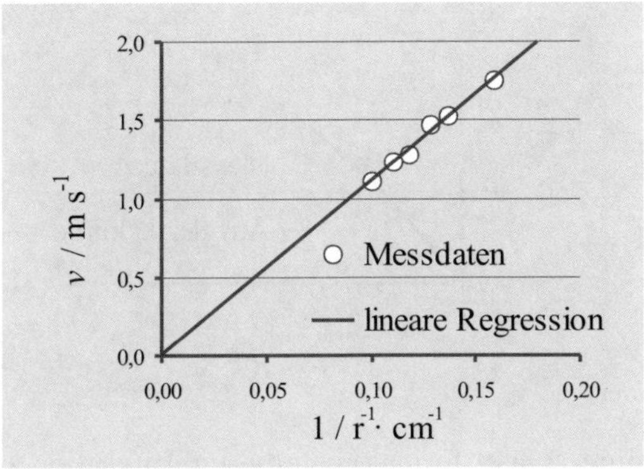

Der Graph $v\left(\frac{1}{r}\right)$ in Abbildung 1 zeigt in guter Näherung eine durch den Koordinatenursprung verlaufende Gerade. Damit ist gezeigt, dass der Ballon sehr schnell seine Endgeschwindigkeit erreicht und die Näherung gerechtfertigt ist.

– Experiment:

Für die Fallversuche wurde ein Ballon mit der Masse 1,9 g verwendet (10 Ballons wiegen 19 g). Als Zusatzgewichte dienten Büroklammern (100 Stück wiegen 36 g; $m = 0{,}36$ g).

Die ermittelten Fallzeiten sind Mittelwerte aus jeweils 10 Messungen. Der statistische Fehler der Mittelwerte war $\leq 1\,\%$. Die Abbildungen 2 und 3 zeigen die Graphen $F(v)$ und $F(v^2)$. Beide müssen durch den Koordinatenursprung gehen.

$F/\,10^{-2}$ N	$\bar{t}/$ s	$v/$ m s^{-1}	$v^2/$ m^{2}s^{-2}
1,86	3,18	1,04	1,08
2,22	2,88	1,15	1,32
2,57	2,70	1,22	1,49
2,92	2,48	1,33	1,77
3,28	2,33	1,42	2,02
3,63	2,21	1,49	2,22
3,98	2,11	1,56	2,43

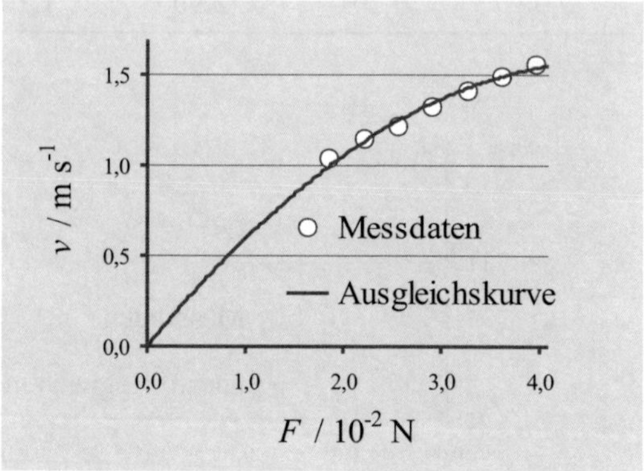

Abb. 2:

Die Abbildung 2 lässt formal auch die Interpretation zu, dass die Abhängigkeit $F(v)$ bei kleinen Geschwindigkeiten quadratisch und im Messbereich dann linear verliefe. Dieser Fall ist physikalisch auszuschließen, weil der Übergang mit wachsender Strömungsgeschwindigkeit von der laminaren Strömung (Stokes'sches Reibungsgesetz) zur turbulenten Strömung erfolgt und nicht umgekehrt.

Abbildung 3 zeigt in guter Näherung eine durch den Ursprung verlaufende Gerade, womit nachgewiesen ist, dass die bremsende Kraft im Wesentlichen durch Wirbelbildung hinter dem Ballon entsteht.

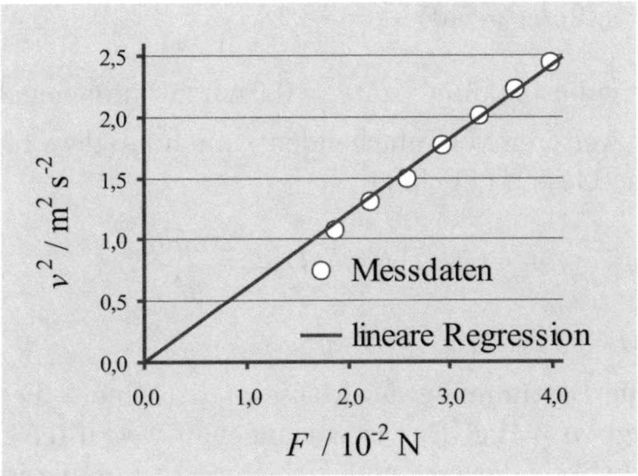

Abb. 3:

- Systematische Fehler:

  Die Reaktionszeit bei der Handstoppung wurde nicht berücksichtigt. Es ist anzunehmen, dass sie bei Start und Landung weitgehend kompensiert wird. Ebenso unberücksichtigt blieb der Überdruck im Ballon. Er ist nahezu unabhängig vom Radius und vernachlässigbar klein gegenüber dem Außendruck.

L–1.21 Experimente mit dem Kugelschreiber

Die verwendeten Kugelschreiber können sehr unterschiedlich sein. Deshalb werden die numerischen Ergebnisse z.T. erheblich voneinander abweichen. Das angegebene Beispiel kann nur ein grober Anhaltspunkt sein.

a) Die gewünschten Ergebnisse lassen sich alle aus der maximal erreichbaren Flughöhe der Mine ableiten, wenn man die Masse der Mine kennt.

   Erste Versuche ergeben, dass in nicht reproduzierbarer Weise Mine und Feder das Kugelschreiberteil getrennt voneinander verlassen. Deshalb wird die Feder an der Mine befestigt, so dass beide zusammen fliegen.

Beispiel: erreichte Flughöhe $h_0 = 1{,}30\,\mathrm{m}$.

Bei vernachlässigter Reibung folgt aus dem Energieerhaltungssatz:

$$(1) \quad v_0 = \sqrt{2gh_0} = 5{,}05\,\frac{\mathrm{m}}{\mathrm{s}} = 18{,}18\,\frac{\mathrm{km}}{\mathrm{h}}\;.$$

Die Feder kann maximal um $y = 0{,}9\,\mathrm{cm}$ zusammengedrückt werden.

Unter der weiteren vereinfachenden Annahme, dass für die Feder das Hooke'sche Gesetz gilt, folgt

$$(2) \quad \frac{1}{2}Dy^2 = m \cdot g \cdot h_0 \quad \text{bzw.} \quad D = \frac{2mgh_0}{y^2}$$

Hat man D, so ist $F_{\max} = D \cdot y$.

Es fehlt die Bestimmung der Masse m_{FM} (Mine + Feder). Die Briefwaage zeigt $m = 1\,\mathrm{g}$. Das ist zu ungenau wegen $0{,}5\,\mathrm{g} \leq m \leq 1{,}5\,\mathrm{g}$. Eine Möglichkeit der genaueren Massenbestimmung ist folgende:

Man verwende ein 30-cm-Lineal (Masse 21 g) als Waagebalken, der auf einem runden Stift balanciert:

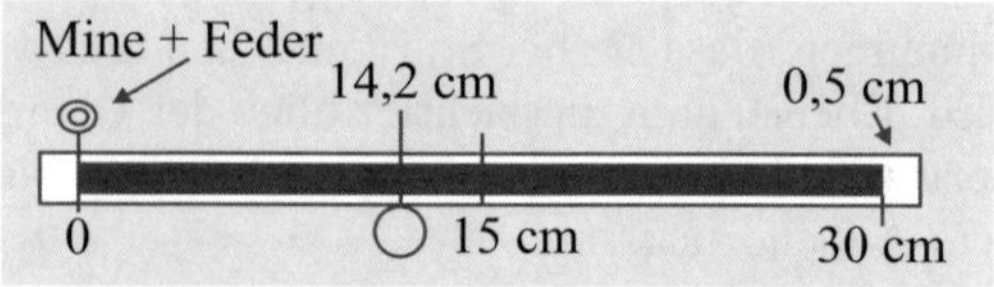

Ohne Last ist die „Waage" bei exakt 15 cm austariert, mit (Mine + Feder) bei 14,2 cm. Es gilt daher:

$$m_{\mathrm{FM}} \cdot 14{,}2 + \frac{14{,}7}{31} \cdot 21 \cdot \frac{14{,}7}{2} = \frac{16{,}3}{31} \cdot 21 \cdot \frac{16{,}3}{2},$$

somit ist $m_{\mathrm{FM}} = 1{,}18\,\mathrm{g}$ und

$$(3) \quad D = \frac{2mgh_0}{y^2} = 3{,}7 \cdot 10^2\,\frac{\mathrm{N}}{\mathrm{m}} \quad \text{sowie} \quad F_{\max} = D \cdot y = 3{,}3\,\mathrm{N}\;.$$

b) Es gibt zu dieser Aufgabe sicher verschiedene Lösungswege. In der folgenden Musterlösung hängt der Kugelschreiber an einem dünnen Kupferdraht und führt Torsionsschwingungen um die gewünschte Achse aus.

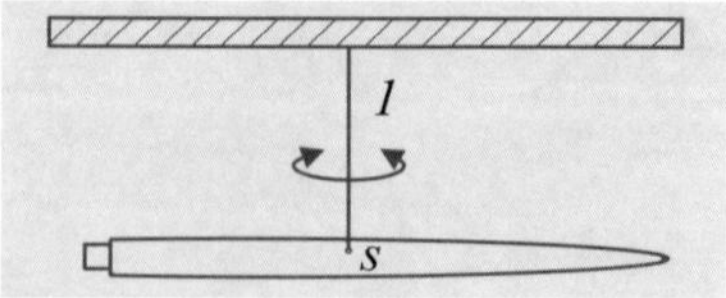

Für die Schwingungsdauer T gilt:

$$(4) \quad T = 2\pi\sqrt{\frac{I}{D}} ,$$

mit Trägheitsmoment I, Richtmoment (des Drahtes) D. Das Richtmoment D der Anordnung wird ermittelt, indem die Schwingungsdauer T_1 eines Probekörpers mit bekanntem (d.h. berechenbaren) Trägheitsmoment I_1 gemessen wird

$$(5) \quad I = I_1 \cdot \left(\frac{T}{T_1}\right)^2 .$$

Als Probekörper wurde ein Bleistift (ohne Spitze) gewählt: Länge $l = 16{,}20\,\mathrm{cm}$; Masse $m = 3{,}95\,\mathrm{g}$ (gemessen mit der Anordnung in a)

$$(6) \quad I_1 = \frac{1}{12} m l^2 = 86{,}4\,\mathrm{g\,cm^2} = 86{,}4 \cdot 10^{-7}\,\mathrm{kg\,m^2} .$$

Diese Formel kann abgeleitet oder aus einem geeigneten Buch (Nachschlagwerk) übernommen werden.

Der Kupferdraht (Litze eines üblichen Kabels) war ca. 27 cm lang und 0,1 mm im Durchmesser.

Messergebnisse für 10 Schwingungen:

	1 Bleistift T_1	2 Bleistifte T_2	Kugelschreiber T_k
$10T$	$34{,}6\,\mathrm{s} \pm 0{,}2\,\mathrm{s}$	$51{,}2\,\mathrm{s} \pm 0{,}2\,\mathrm{s}$	$43{,}0\,\mathrm{s} \pm 0{,}2\,\mathrm{s}$

$$\left(\frac{T_2}{T_1}\right)^2 = 2{,}19 \approx 2 , \left(\frac{T_k}{T_1}\right)^2 = 1{,}54 \pm 0{,}03 .$$

Das Trägheitsmoment des Kugelschreibers beträgt damit

$$(7) \quad I_k = I_1 \left(\frac{T_k}{T_1}\right)^2 = 133\,\mathrm{g\,cm^2} \approx 1{,}3 \cdot 10^{-5}\,\mathrm{kg\,m^2} .$$

Der statistische Fehler liegt bei etwa 2 %. Der systematische ist sicher von der gleichen Größenordnung.

Die Kontrollmessung mit zwei identischen Bleistiften ergab, dass sich die Anordnung verhält, wie es die Theorie erwarten lässt.

L–1.22* Trägheitsmomente einer Münze

- Verfahren 1:

  Es liegt nahe, den Steiner'schen Satz auszunutzen und die Trägheitsmomente aus den Schwingungsdauern zweier Pendel zu bestimmen:

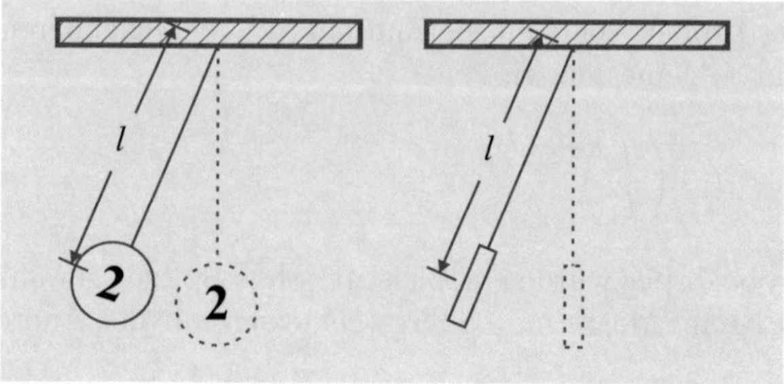

Es gilt dann mit $I_0 = ml^2$:

$$(1) \quad T_p = 2\pi\sqrt{\frac{I_0 + I_{\text{p}}}{mgl}} \quad \text{und} \quad T_{\ddot{a}} = 2\pi\sqrt{\frac{I_0 + I_{\ddot{a}}}{mgl}}\,.$$

Dieses Verfahren führt jedoch nicht zum Erfolg.

Für beobachtbare Schwingungsdauern ist das Trägheitsmoment I_0 sehr viel größer als die Trägheitsmomente I_{p} und $I_{\ddot{a}}$, so dass deren Einfluss auf die Schwingungsdauer unterhalb der Messgenauigkeit liegt.

- Verfahren 2:

  Der Nachteil des in 1) genannten Verfahrens lässt sich vermeiden, wenn man das 2-Euro-Stück zu Torsionsschwingungen um die beiden Achsen anregt:

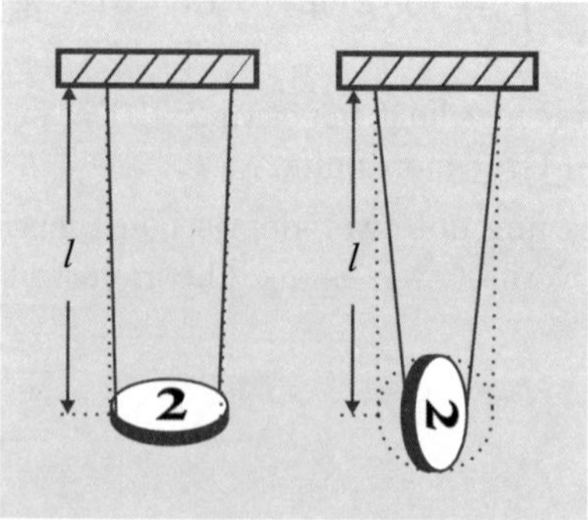

Die Schwingungsgleichungen lauten (ohne Dämpfung):

(2) $I_\mathrm{p}\ddot{\varphi} + D\varphi = 0$ bzw. $I_\mathrm{ä}\ddot{\varphi} + D\varphi = 0$.

Für gleiche Pendellängen l und gleiche oder kleine Amplituden φ_0 sind die Richtmomente D jeweils gleich, so dass mit $T = 2\pi\sqrt{I/D}$ für das Verhältnis der Trägheitsmomente gilt:

(3) $$\frac{I_\mathrm{p}}{I_\mathrm{ä}} = \left(\frac{T_\mathrm{p}}{T_\mathrm{ä}}\right)^2 .$$

- Messungen:

  Um die Messfehler klein zu halten, arbeitet man am besten mit großen Pendellängen (z.B. $l \geq 1\,\mathrm{m}$) und kleinen Amplituden. Der Fehler der Längenmessung lässt sich eliminieren, wenn man die beiden Schwingungsdauern bei ein und derselben Pendellänge misst. Dazu ist es nötig, geeignete Befestigungsmöglichkeiten am 2-Euro-Stück anzubringen (z.B. ein aufgeklebtes Streichholz).

  Beispiel für $l \approx 1{,}0\,\mathrm{m}$:

a) polare Torsion $10\,T/\,\mathrm{s}$		b) äquatoriale Torsion $10\,T/\,\mathrm{s}$	
13,66		10,12	
13,54		10,09	
13,75	$\frac{\Delta T}{T} \approx 1\,\%$	9,89	$\frac{\Delta T}{T} \approx 1\,\%$
13,85		9,91	
13,57		10,00	
$10\,\overline{T} = 13{,}67$		$10\,\overline{T} = 10{,}02$	

(4) $$\frac{I_\mathrm{p}}{I_\mathrm{ä}} = \left(\frac{T_\mathrm{p}}{T_\mathrm{ä}}\right)^2 = 1{,}87 \pm 4\,\% .$$

  Der angegebene Fehler ist der statistische Fehler.

  Folgende systematische Fehler kommen hinzu:

  - durch die gewählte Konstruktion konnten die gewünschten Rotationsachsen nicht genau eingehalten werden und die Aufhängepunkte waren nicht genau gleich,
  - die Amplituden waren nicht klein und nur näherungsweise gleich,
  - die Dämpfung ist nicht berücksichtigt worden,
  - systematischer Fehler in der Zeitmessung.

  Geschätzter Gesamtfehler: $\leq 10\,\%$.

- Trägheitsmomente einer Kreisscheibe:

  Die Trägheitsmomente einer Kreisscheibe kann man elementar berechnen oder in Physik-Lehrbüchern nachschlagen. $I_\text{p} = \frac{1}{2}mR^2$ und $I_\text{ä} = \frac{1}{4}mR^2$. Also gilt:

  (5) $\dfrac{I_\text{p}}{I_\text{ä}} = 2\ .$

L–1.23* Flachwasser-Wellen

- Theorie und Prinzip der Messung

  Die Theorie der Wasserbewegung ist nicht Gegenstand der Aufgabe. Sie ist im Wesentlichen z.B. unter der Überschrift „Ebene Schwerewellen in seichtem und mäßig tiefem Wasser“ bei A. Sommerfeld: Mechanik der deformierbaren Medien (Leipzig 1954, S. 168) nachzulesen.

  Zur Lösung der Aufgabe muss die Schwingungsdauer bei verschiedenen Wassertiefen gemessen werden. Zur Bestimmung der Konstanten genügt es dann, die Logarithmen von h und T gegeneinander aufzutragen und mit Hilfe der Ausgleichsgeraden die Konstanten n und a zu bestimmen.

  Die einmal angestoßene Schwingung ist – besonders bei geringen Wassertiefen – stark gedämpft. Zur genaueren Bestimmung der Schwingungsdauer T ist es deshalb ratsam, das System vorsichtig zur Resonanz anzuregen und mehrfach eine größere Zahl von Schwingungen zu messen. In unserem Beispiel waren es für jedes h fünf Mal je 20 Schwingungen.

  Weil die Resonanz für gedämpfte Schwingungen nicht scharf ist und die manuelle Anregung einiges Fingerspitzengefühl verlangt, kann dabei – besonders bei kleinen h – ein systematischer Fehler auftreten.

- Messungen und Auswertung

  Verwendetes Wasserbecken:

  Kunststoffkasten mit $L = 23{,}6\,\text{cm}$; $B = 15\,\text{cm}$; $H = 4{,}5\,\text{cm}$.

  Die Wassertiefe wurde mit eingetauchtem mm-Papier gemessen. Als Fehler von $\overline{T}$ ist vereinfacht die maximale Abweichung vom Mittelwert angegeben.

Nr.	$h/\,\mathrm{cm}$	$\log(h/\,\mathrm{cm})$	$20\,T/\,\mathrm{s}$	$\overline{T}/\,\mathrm{s}$	$\Delta\overline{T}/\,\mathrm{s}$	$\log(\overline{T}/\,\mathrm{s})$	$\Delta\log(\overline{T}/\,\mathrm{s})$
1	1,0	0,000	28,27	1,415	±0,025	0,151	±0,007
			28,04				
			28,65				
			27,80				
			28,74				
2	1,4	0,146	25,07	1,244	±0,011	0,095	±0,003
			24,77				
			24,91				
			24,74				
3	2,0	0,301	20,74	1,044	±0,007	0,019	±0,003
			20,99				
			21,12				
			20,71				
			20,87				
4	2,7	0,431	18,84	0,920	±0,022	-0,036	±0,010
			18,17				
			18,46				
			18,12				
			18,40				
5	3,2	0,505	17,54	0,865	±0,011	-0,063	±0,005
			17,35				
			17,17				
			17,21				
			17,23				

Trägt man $\log T$ über $\log h$ mit Fehlerbalken auf, erhält man das folgende Diagramm. Für die Steigung der Ausgleichsgeraden erhält man:

(1) $$n = \frac{\Delta(\log T)}{\Delta(\log h)} = -0{,}43 \pm 0{,}03\ .$$

Mit $\log(a \cdot l) = \log T - n \cdot \log h$ erhält man als numerischen Wert für die Konstante a, wenn l und h in cm eingesetzt werden:

(2) $$a = (0{,}060 \pm 0{,}002)\,\mathrm{s}/\sqrt{\mathrm{cm}}\ .$$

(Werden l und h in m eingesetzt, so ist $a = 0{,}82\,\mathrm{s}/\sqrt{\mathrm{m}}$.)
Probemessungen mit sehr verschiedenen Wasserbecken ergaben Abweichungen für n und a, die innerhalb der angegebenen Fehlerbreite liegen.

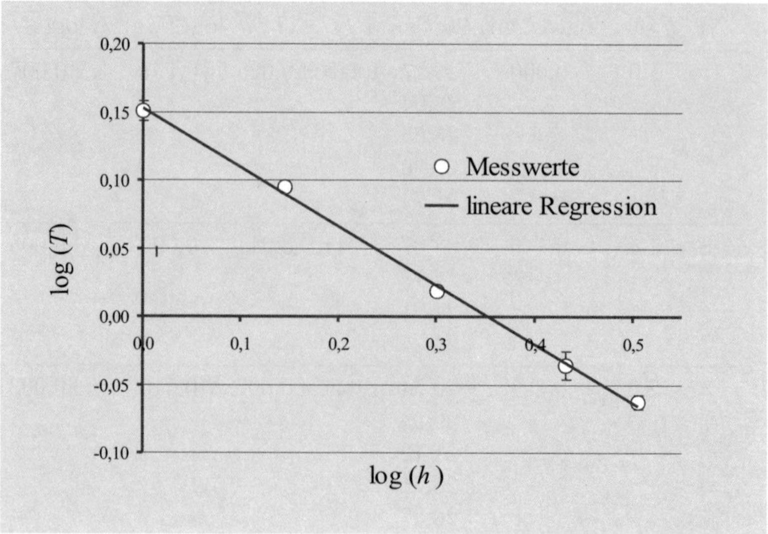

Die Theorie der Seichtwasserwellen ergibt für ein seitlich unbegrenztes Medium:

$$T = \frac{2l}{\sqrt{gh}}\,, \quad \text{d.h.} \quad n = -0{,}5 \quad \text{und} \quad a = \sqrt{\frac{4}{g}} = 0{,}064\,\frac{\text{s}}{\sqrt{\text{cm}}}\,.$$

Für schmale Becken ist mit größeren Abweichungen zu rechnen.

L–1.24⋆ Hüpfende Kugel

Das Experiment ist in zwei Varianten erprobt worden: Eine Glasmurmel fällt auf eine Fensterbank aus Kunstmarmor und ein Superball (Kindern als „Flummi“ bekannt) fällt auf PVC-Fußboden. Andere Anordnungen sind denkbar. Im Folgenden sind die Messergebnisse für den Superball wiedergegeben.

Der Superball fällt aus einer Höhe h_0 vor einer mit weißem Papier beklebten Wand herab. Darauf verfolgt man seinen Schlagschatten, der durch eine weit entfernte Lichtquelle hervorgerufen wird, und markiert die Umkehrpunkte der ersten Sprünge. Weil die Ergebnisse nicht sehr gut reproduzierbar sind, muss der Versuch mehrfach wiederholt und der Mittelwert gebildet werden.

i	$h_i/\,\text{cm}$	$q_i = \frac{h_i}{h_{i-1}}$
0	206,0	
		0,750
1	154,5	
		0,761
2	117,5	
		0,770
3	90,5	
		0,801
4	72,5	
		0,724
5	52,5	

Die Sprunghöhenfolge entspricht recht gut den Gliedern einer geometrischen Reihe. Als Mittelwert für die q_i ergibt sich:

$$q = 0{,}761 \pm 0{,}013 \ .$$

In guter Näherung gilt für die Zeit vom ersten Aufschlag zum zweiten (T_2), zum dritten (T_3) usw.

$$T_2 = 2 \cdot \sqrt{\frac{2h_1}{g}} = 2\sqrt{\frac{2qh_0}{g}} \ ,$$

$$T_3 = T_1 + 2\sqrt{\frac{2h_2}{g}} = 2\sqrt{\frac{2qh_0}{g}}(1 + \sqrt{q}) \ ,$$

$$\vdots$$

$$T_6 = 2\sqrt{\frac{2qh_0}{g}}(1 + q + \sqrt{q^2} + \sqrt{q^3} + \sqrt{q^4}) \ ,$$

$$\vdots$$

$$(1) \quad T_n = 2\sqrt{\frac{2qh_0}{g}}\left(1 + \sqrt{q} + \ldots + \sqrt{q^{n-2}}\right) \ ,$$

$$(2) \quad T_\infty = 2\sqrt{\frac{2qh_0}{g}}\left(1 + \sqrt{q} + \sqrt{q^2} + \ldots\right) = 2\sqrt{\frac{2qh_0}{g}} \cdot \frac{1}{1 - \sqrt{q}} \ ,$$

Aus (1) und (2) folgt:

$$(3)\quad T_n = T_\infty - \sqrt{q^{n-1}}T_\infty = 2\sqrt{\frac{2qh_0}{g}} \cdot \frac{1-\sqrt{q^{n-1}}}{1-\sqrt{q}} \ .$$

Messungen und Rechnungen führen zu folgenden Ergebnissen:

a) Aus (3) folgt

$$(4)\quad g = \frac{8qh_0}{T_n^2} \cdot \left(\frac{1-\sqrt{q^{n-1}}}{1-\sqrt{q}}\right)^2 \ .$$

Die Zeitmessung vom ersten bis sechsten Aufschlag der Kugel ergab 4,17 s; 4,60 s; 4,37 s; 4,66 s; 4,41 s; 4,43 s .

Das ergibt als Mittelwert

$$(5)\quad \overline{T}_6 = (4{,}44 \pm 0{,}07)\,\mathrm{s} \quad \text{und damit} \quad \overline{g}_6 = 9{,}6\,\frac{\mathrm{m}}{\mathrm{s}^2} \ .$$

Für die Ermittlung des statistischen Fehlers von g ist es ausreichend, wenn die Schüler die Grenzwerte errechnen, indem sie von den Mittelwerten für T und q die statistischen Fehler addieren bzw. subtrahieren und diese Extremwerte in die Formel für g einsetzen.

Man erhält so für den kleinsten bzw. größten Wert von g:

$$(6)\quad g_{\min} = 8{,}8\,\frac{\mathrm{m}}{\mathrm{s}^2}; \quad g_{\max} = 10{,}3\,\frac{\mathrm{m}}{\mathrm{s}^2} \quad \text{und} \quad g = 9{,}6 \pm 0{,}8\,\frac{\mathrm{m}}{\mathrm{s}^2} \ .$$

b) Aus den Überlegungen (Gl. (2)) folgt:

$$(7)\quad T_\infty = 8{,}9\,\mathrm{s} \ .$$

Aus den Messwerten 10,40 s; 10,30 s; 10,54 s; 11,10 s; 11,0 s folgt hingegen:

$$(8)\quad T_\infty = (10{,}67 \pm 0{,}14)\,\mathrm{s} \ .$$

Die relativ große Abweichung kann durch statistische Messungsgenauigkeit allein nicht erklärt werden. Es müssen also systematische Fehler hinzukommen. Neben der Vernachlässigung der Luftreibung gibt es vor allem zwei Fehlerquellen:

Erstens könnte es sein, dass $q =$ konstant angenähert nur für große Fallhöhen gilt, nicht jedoch für kleine, wenn sich die elastischen Eigenschwingungen der Kugel störend bemerkbar machen. Wenn q für kleine Fallhöhen größer wäre als der Mittelwert für die ersten fünf Sprünge, so wäre der Effekt erklärt. Quantitative Aussagen darüber lassen die Messungen jedoch nicht zu.

Zweitens ist in der Theorie vorausgesetzt, dass die Fallzeit groß gegen die Stoßzeit ist. Für kleine Fallhöhen, kurz bevor die Kugel zur Ruhe kommt, ist diese Bedingung sicher nicht erfüllt. Die gemessene Zeit müsste um die Summe der Stoßzeiten zu groß und damit der ermittelte Wert von g zu klein sein, wie es das Experiment zeigt.

L–1.25⋆ Kinderschaukel

a) In der Nähe des Nulldurchgangs des Pendels ist die Seilkraft maximal und nahezu gleich der Summe aus Zentripetal- und Gewichtskraft. Im Umkehrpunkt des Pendelkörpers ist die Seilkraft minimal und gleich der Komponente der Gewichtskraft in Seilrichtung.

Ein Anziehen des Seils im Nulldurchgang des Pendelkörpers und ein Nachlassen der Schnur im Umkehrpunkt führt daher zu einem maximalen Energiegewinn je Halbschwingung und damit zu einem möglichst raschen Anwachsen der Amplitude.

b) – Wahl eines geeigneten Pendelkörpers der Masse $M \approx 0{,}1\,\mathrm{kg}$: z.B. ein aufgeschlitzter Tennisball, z.T. mit Sand gefüllt;
- Aufhängung z.B. mit einem Deckenhaken;
- Fixierung von Δl (wichtig): z.B. zwei Perlen oder Knöpfe im Abstand 10 cm in die Schnur geknotet;
- Markierung 45°: kann in sehr unterschiedlicher Weise vorgenommen werden;
- Markierung 90°: auch per Augenmaß möglich;
- Ergebnis: 6 bis 8 Halbschwingungen.

Es ist sinnvoll, die Durchführung des Experiments zunächst 10 bis 20 Mal zu üben, bevor man die eigentlichen Messungen durchführt.

c) Wenn das schwingende Pendel den Elongationswinkel φ besitzt, hat der Pendelkörper die Geschwindigkeit v. In Seilrichtung wirken auf den Pendelkörper zwei Kräfte, die Komponente $Mg\cos\varphi$ der Schwerkraft nach außen und die Seilspannung T zum Aufhängepunkt hin. Die Differenz dieser beiden Kräfte ist eine Zentripetalkraft, da die Bewegung kreisförmig ist. Wählt man die positive Kraftrichtung nach außen, so gilt demnach

(1) $Mg\cos\varphi - T = -\dfrac{Mv^2}{l_0}$ und damit $T = \dfrac{Mv^2}{l_0} = Mg\cos\varphi$.

Im untersten Punkt der Bahn ist dann die Seilspannung

(2) $T_0 = \dfrac{Mv_0^2}{l_0} + Mg$

und im Umkehrpunkt mit Auslenkung φ_1 :

(3) $T_1 = Mg\cos\varphi_1$.

Beim Verkürzen oder Verlängern des Seils ist die Kraft der Hand der Seilspannung im Angriffspunkt der Hand entgegengesetzt gleich. Die dabei verrichtete Arbeit ist also näherungsweise $(T_0 - T_1)Dl$.

Der Energiezuwachs pro Halbschwingung ist demnach

(4) $\Delta E = (T_= - T_1)\Delta l = \Delta Dl\left[\dfrac{v_0^2}{l_0} + g(1-\cos\varphi_1)\right]$.

Wenn der Pendelkörper im Umkehrpunkt φ_1 die Höhe h über der Ruhelage hat, gilt

(5) $h = l_0(1-\cos\varphi_1)$.

Solange φ_1 und Δl klein sind, können wir näherungsweise setzen:

(6) $v_0^2 = 2gh$.

Mit der Energie $E = Mgh$ im Umkehrpunkt erhält man aus (4) bis (6)

(7) $\dfrac{\Delta E}{E} = \dfrac{M\Delta l}{Mgh}\left[\dfrac{2gh}{l_0} + \dfrac{gh}{l_0}\right] = 3\dfrac{\Delta l}{l_0}$.

d) Der relative Energiezuwachs nach n Halbschwingungen beträgt nach Gl. (7):

(8) $\sum\limits_{i=1}^{n} \dfrac{\Delta E_i}{E_{i-l}} = 3 \cdot n \cdot \dfrac{\Delta l}{l_0}$ mit $E_n = E_{n-1} + \Delta E_n$.

In grober Näherung kann man die Summe in (8) durch ein Integral ersetzen

(9) $\sum\limits_{i=1}^{n} \dfrac{\Delta E_i}{\Delta_{i-l}} \approx \int\limits_{E_0}^{E_n} \dfrac{\mathrm{d}E}{E} = \ln\dfrac{E_n}{E_0} \approx 3 \cdot n \cdot \dfrac{\Delta l}{l_0}$,

(10) $n \approx \frac{1}{3}\frac{l_0}{\Delta l}\ln\frac{E_n}{E_0} \Rightarrow E_n = Mgl_0 \Rightarrow E_0 = Mgl_0(1-\cos 45\,^\circ)$.

Mit $l_0 = 1\,\text{m}$ und $\Delta l = 0{,}1\,\text{m}$ folgt

(11) $n \approx \frac{1}{3}\cdot 10 \cdot \ln 3{,}41 = 4{,}09$.

Nach etwa 4 Halbschwingungen wäre nach dieser Überschlagsrechnung die Amplitude von 45° auf 90° angewachsen.

Die exakte Berechnung der Summe der Energiezuwächse führt auf eine endliche geometrische Reihe.

e) Die Abweichungen zwischen dem experimentell ermittelten Wert für n und dem theoretischen sind auf folgende Näherungen in der Theorie zurückzuführen:

- Gerechnet wurde für ungedämpfte Schwingungen. Für große Amplituden ist jedoch die Luftreibung erheblich. Die Reibungsenergie muss durch zusätzliche Halbschwingungen aufgebracht werden.
- $\Delta t = T$: Ziehen und Nachgeben der Schnur gelingt nicht in extrem kurzer Zeit. Damit ist der Energiezuwachs pro Halbschwingungen kleiner als der theoretisch berechnete. Man benötigt ein größeres n.
- Mit Δl wächst auch Δt. Damit ist $\Delta t = T$ weniger gut erfüllt.
- Während der Pendelschwingung muss die Schnurr gespannt bleiben.
- Eine zu rasche Längenänderung Δl führt zu Schwingungen und Sprüngen des Pendelkörpers in Fadenrichtung. Die Bewegung der Masse wird unharmonisch. Das führt zu größeren n.
- Für große Winkel ist der relative Energiezuwachs größer als für kleine Winkel. Eine auch für große Winkel geltende Theorie würde also zu einem kleineren n als demjenigen für $\varphi = 1$ führen und damit nicht zur Erklärung der Richtung der Abweichung zwischen Theorie und Experiment beitragen.

L–1.26* Schwingendes Reagenzglas

– Theorie:

Es sei $z - z_0 = x$ die Auslenkung aus der Ruhelage. Dann gilt – bei Vernachlässigung der Reibungskräfte – wegen des Archimedischen Prinzips die Schwingungsgleichung

(1) $m\ddot{x} + \varrho \cdot g \cdot A \cdot x = 0$.

Wegen $\omega^2 = \varrho \cdot g \cdot A/m$ gilt $T^2 = m\,4\pi^2/A \cdot \varrho \cdot g = \alpha \cdot m$ mit $m = m_0 + n\,m_1$;
m_0 = Masse des Reagenzglases; n = Anzahl der Büroklammern; m_1 = Masse einer Büroklammer; $\varrho = 1\,\text{g/cm}^3$; $g = 981\,\text{cm/s}^2$; A = Querschnittsfläche des Reagenzglases.

– Messungen und Auswertung

a) Querschnittsfläche A

Umfang = 4,8 cm (z.B. Glas mit Papier umwickeln und Papierstreifen ausmessen),

$$r = \frac{4{,}8}{2\pi} = 0{,}764\,\text{cm}\ , \quad A = \pi r^2 = 1{,}833\,\text{cm}^2, \quad \alpha = 0{,}22\,\frac{\text{s}^2}{\text{g}}\ .$$

b) Schwingungsdauern

n	$3T/\,\text{s}$	$T^2/\,\text{s}^2$
25	1,980	0,436
28	2,041	0,463
30	2,132	0,505
33	2,120	0,499
35	2,222	0,549
37	2,231	0,553
43	2,169	0,523

Fehlerrechnung:

Die Schwingungsdauern wurden für jedes m 10-mal gemessen und gemittelt.

Für den mittleren absoluten Fehler von $\overline{T}$ gilt:

$$(2)\quad \Delta T = \sqrt{\frac{\sum_{i=1}^{k}(T_i - \overline{T})^2}{k(k-1)}} \quad \text{mit} \quad k = \text{ Anzahl der Messungen.}$$

Achtung: Die Funktion „Standardabweichung s_x" im Taschenrechner ergibt den Fehler einer Einzelmessung, nicht den des Mittelwertes: $\Delta x = s_x/\sqrt{k}$.

Mit $\Delta(T^2) = \frac{\partial(T^2)}{\partial T}\Delta T = 2T \cdot \Delta T$ und $T \approx 0{,}3\,\mathrm{s}$, sowie $\Delta T \approx 0{,}007\,\mathrm{s}$ ergibt sich als Standardabweichung für T_i^2 : $\Delta(T^2) = 0{,}01\,\mathrm{s}$.

Schätzt man den systematischen Fehler (vor allem wegen der unvermeidbaren pendelnden Bewegung) etwa gleich groß ein, ergibt sich ein Absolutfehler für T^2 von $\Delta(T^2) \approx 0{,}02\,\mathrm{s}^2$.

Trägt man T^2 über n auf, ergibt sich folgender Graph:

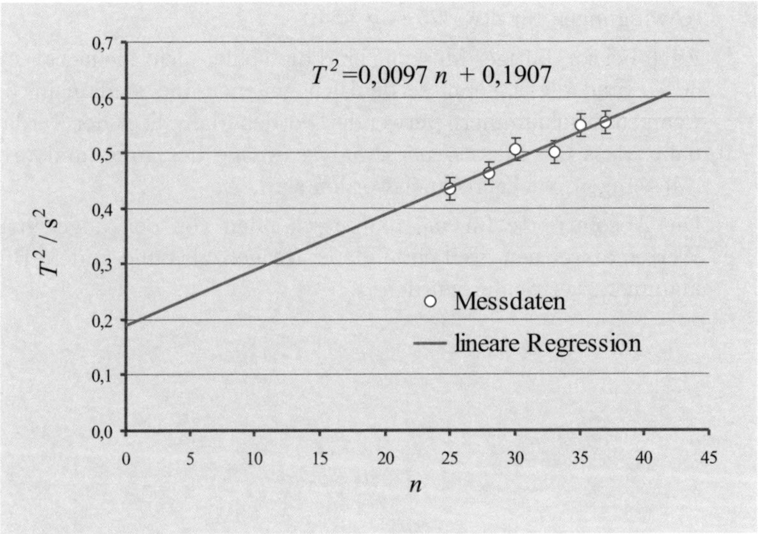

Die Ausgleichsgerade hat ihren Achsenabschnitt bei $T_0^2 = 0{,}2\,\mathrm{s}^2$.

Die Steigung hat den Wert $\Delta T^2/\Delta n = 0{,}487/50 = 0{,}0097\,\mathrm{s}^2$.

Aus $T^2 = \alpha(m_0 + m_1 n)$ folgt:

$$(3)\quad m_0 = \frac{1}{\alpha}T_0^2 = \frac{0{,}2}{0{,}022} = 9{,}1\,\mathrm{g} \text{ und}$$

(4) $m_1 = \frac{\Delta T^2}{\Delta n} \cdot \frac{1}{\alpha} = \frac{0{,}0097}{0{,}022} = 0{,}44\,\mathrm{g}$.

Zur Fehlerabschätzung zeichnet man zwei Ausgleichsgeraden so, dass sie gerade noch durch die Fehlerbalken der Einzelmessung verlaufen. Daraus ergeben sich Minimal- und Maximalwerte für m_0 und m_1:

Minimalwerte:	$m_0 = 6{,}4\,\mathrm{g}$,	$m_1 = 0{,}33\,\mathrm{g}$,
Maximalwerte:	$m_0 = 12{,}8\,\mathrm{g}$,	$m_1 = 0{,}53\,\mathrm{g}$,
Mittelwerte:	$m_0 = (9{,}6 \pm 3{,}2)\,\mathrm{g}$,	$m_1 = (0{,}4 \pm 0{,}1)\,\mathrm{g}$.

– Bemerkungen

a) Die Schwierigkeit des Experiments liegt darin, dass die gemessenen Zeiten nur sehr wenig differieren. Das verlangt sorgfältiges Experimentieren und Messen und eine seriöse Fehlerbetrachtung.

b) Die vertikalen Schwingungen sind stark gedämpft und gehen leicht in undefinierte, pendelnde Schwingungen über. Mehr als drei Vertikalschwingungen sind kaum zu erreichen.

c) Verwendet man kleine Büroklammern, so erreicht man Vertikalschwingungen für etwa $25 \leq n \leq 40$.

d) Auch bei sorgfältiger Messung sind die Fehler nicht kleiner als etwa 30 %. Sind die Ergebnisse deutlich genauer und sind mehr bzw. weniger Büroklammern verwendet worden, dann liegt der Verdacht nahe, dass die Massen per Analysenwaage bestimmt und in die „Messungen“ rückgerechnet worden sind.

e) Die Absolutwerte für m_0 und m_1 können von den angegebenen Werten abweichen, weil ein anderes Reagenzglas und andere Büroklammern verwendet wurden.

L–1.27* Strecksprung auf dem Mond

Der Abstand zwischen dem Schwerpunkt in der Hocke und im Stand sei d. Das ist die Beschleunigungsstrecke beim Sprung. Sie ist auf der Erde und auf dem Mond gleich groß.

– zur Theorie:

Ist F die Beschleunigungskraft, so gilt:

$$(1) \quad F \cdot d = mg(d+h) \quad \text{bzw.} \quad \int_0^d F \, \mathrm{d}y = mg(d+h) \; .$$

Die Absprungkraft F ist auf Erde und Mond gleich groß. Man kann sie als Vielfaches des jeweiligen Eigengewichts angeben.

$$(2) \quad F = n \cdot mg \quad \text{und} \quad F = n' \cdot mg' \; .$$

Für das Verhältnis der Fallbeschleunigungen auf der Erde g und auf dem Mond g' gilt:

$$(3) \quad \frac{g}{g'} = \frac{M_{\text{Erde}}}{M_{\text{Mond}}} \left(\frac{R_{\text{Mond}}}{R_{\text{Erde}}} \right)^2 = 6{,}11 \; .$$

Aus Gln. (2) und (3) folgt:

$$(4) \quad n' = 6{,}11 n \; .$$

Mit den Gleichungen (1), (2) und (4) ergibt sich

$$(5) \quad \frac{h'}{h} = \frac{6{,}11 n - 1}{n - 1} \; .$$

– zur Messung und Auswertung:

Für die Bestimmung der Sprungkraft stelle man z.B. eine Personenwaage auf einen stabilen Tisch und beides zusammen unter einen Türrahmen. Wenn man sich auf der Personenwaage so kräftig wie möglich gegen den oberen Türrahmen stemmt, dann zeigt die Waage die maximale Absprungkraft F an.

Typische Werte für $n = F/mg$ sind: $1{,}8 \leq n \leq 2{,}2$

Zur Bestimmung von h markiert man z.B. an einer Wand die Höhe des ausgestreckten Armes im Stand und – wiederholt – im höchsten Punkt der Strecksprungs.

Typische Werte für h sind: $25\,\text{cm} \le h \le 35\,\text{cm}$.

Man erhält somit mit $n = 2 \pm 0{,}1$ und $h = (30 \pm 2{,}5)\,\text{cm}$. Also gilt

$$(6) \quad \frac{h'}{h} = 11{,}21 \pm 0{,}4 \quad \text{bzw.} \quad h' = 3{,}36\,\text{m} \pm 9\,\% \; .$$

Auf dem Mond könnte man daher gut 11-mal so hoch springen wie auf der Erde!

L–1.28* Biegung dünner Stäbe

Der Stab wird an einem Ende horizontal eingespannt. Auf das andere Ende wird durch Anhängen von Gewichtstücken eine vertikale Kraft F ausgeübt. Man variiert die Kraft etwa in Schritten von 0,1 N und liest jeweils die Auslenkung s mit Hilfe eines vertikal angebrachten Maßstabes mit Millimeterskala ab. Für den Aufgabenteil c) ist außerdem der Neigungswinkel α des Stabendes zu messen. Dies kann mit einem normalen Winkelmesser geschehen, den man zweckmäßigerweise in der Höhe verschiebbar an einem Stativ befestigt.

Die Stäbe zeigen nach der Belastung eine geringe bleibende Verformung. Die Funktion $s = s(F)$ ist also nicht eindeutig, sondern eine Hysteresis. Sie muss für den Aufgabenteil b) experimentell bestimmt werden. Dabei ist darauf zu achten, dass die Spannung des Stabes beim Anhängen oder Abnehmen von Gewichtstücken möglichst nicht verändert wird.

Abbildung 1 zeigt eine grafische Darstellung der Messwerte $s(F)$. Für Stahl ist der Proportionalitätsbereich wesentlich kleiner und die Hysteresis deutlicher als für Plastik.

a) Wenn man von den Verlusten durch bleibende Verformung des Stabes absieht, ist die im Stab gespeicherte elastische Energie gleich der zur Dehnung aufgewendeten Spannarbeit. Bei der Auslenkung $s = x$ ist die elastische Energie des Stabes also gegeben durch

$$(1) \quad W_x = \int_0^x F(s)\,\mathrm{d}s \; .$$

Das Integral lässt sich auf unterschiedliche Weise bestimmen. Man kann einfach in Abbildung 1 die Fläche unter der Kurve bis zu $s = x$ durch Abzählen der Kästchen bestimmen. Weniger zeitaufwendig und im vorliegenden Fall nicht weniger genau ist die Verwendung der Wertetabelle zur numerischen Integration. Da die Kurven in Abbildung 1 zwischen benachbarten Messwerten praktisch linear sind, ist das einfache Trapezverfahren geeignet.

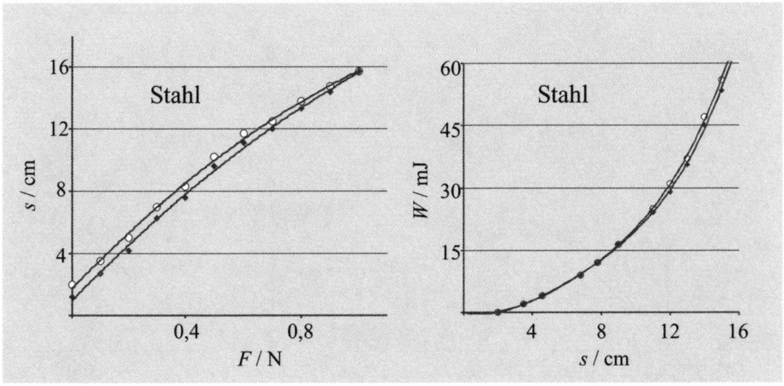

Abb. 1:

$$(2)\quad W_x = \sum_{i=1}^{x}(s_i - s_{i-1})\left[F(s_{i-1}) + \frac{F(s_i) - F(s_{i-1})}{2}\right]$$

$$= \sum_{i=1}^{x}(s_i - s_{i-1})\frac{F(s_i) + F(s_{i-1})}{2}$$

b) Die in Wärme umgewandelte Arbeit erhält man als Differenz zwischen der an der Feder verrichteten Spannarbeit bei der Dehnung und der bei der Entlastung von der Feder verrichteten Arbeit, also als Differenz der Arbeiten beim Hin- und Rückweg. In Abbildung 2 sind beide Wege eingezeichnet. Die in Wärme umgewandelte Arbeit entspricht also der Differenz zwischen beiden Kurven.

Für die Endauslenkung erhält man die Werte

Stahl $(s = 14{,}8\,\text{cm})$: $58{,}3\,\text{mJ} - 55{,}8\,\text{mJ} = 2{,}5\,\text{mJ}$,

Plastik $(s = 9{,}8\,\text{cm})$: $43{,}9\,\text{mJ} - 43{,}1\,\text{mJ} = 0{,}8\,\text{mJ}$.

Bei der Dehnung des Stahlstabes sind also etwa 4 % der aufgewendeten Energie in Wärme umgewandelt worden, bei der Dehnung des Plastikstabes etwa 2 %. Die Werte sind stark von der Genauigkeit der Messwerte bei großen Durchbiegungen abhängig. Man muss auch bei sorgfältiger Messung mit einem Fehler von etwa 0,5 mJ rechnen.

c) Die Abweichungen der Messwerte bei größeren Durchbiegungen von der angegebenen Formel können nicht daran liegen, dass die Elastizitätsgrenze des Materials erreicht ist, denn die Verformung bleibt ja im Wesentlichen umkehrbar. Sie rühren vielmehr daher, dass die Kraft F nicht mehr senkrecht zum Stab angreift. Das die Biegung verursachende Drehmoment wird also nur durch die Kraftkomponente $F\cos\alpha$ bewirkt, wobei α die Stabneigung an dessen Ende ist (siehe Abbildung 3).

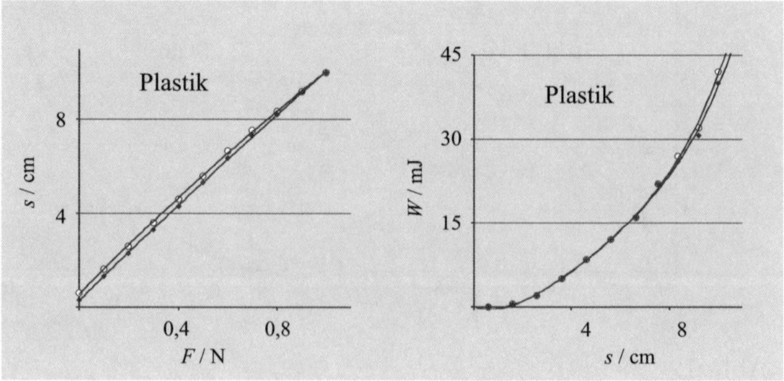

Abb. 2:

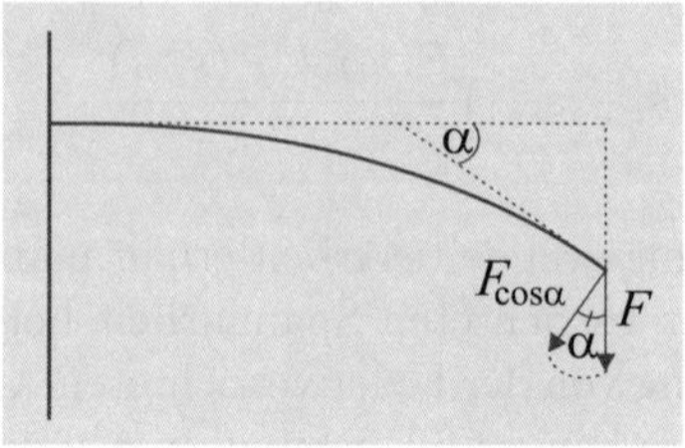

Abb. 3:

Es liegt also nahe, es anstelle der gegebenen Formel mit der folgenden zu versuchen:

$$(3) \quad s = \frac{4 \cdot l^3}{Ebd^3} F \cos\alpha \ .$$

Für kleine α stimmen beiden Formeln überein. Die genaue Form des durchgebogenen Stabes ist nicht bekannt. (In Lehrbüchern zu findende Funktionsgleichungen gelten wieder nur für kleine α.) Eine Beziehung zwischen α und s (bzw. α und F) lässt sich also nicht angeben. Der Winkel α muss demnach experimentell bestimmt werden.

Abbildung 4 zeigt, dass die angenommene Proportionalität von s und $F \cos\alpha$ in den Messwerten sehr gut realisiert ist. Der Anfangszustand des aufgrund seines Eigengewichts leicht durchhängenden Stabes wurde sowohl für s als auch für α als Nullwert genommen. Es sind die Messwerte bei der Dehnung wiedergegeben.

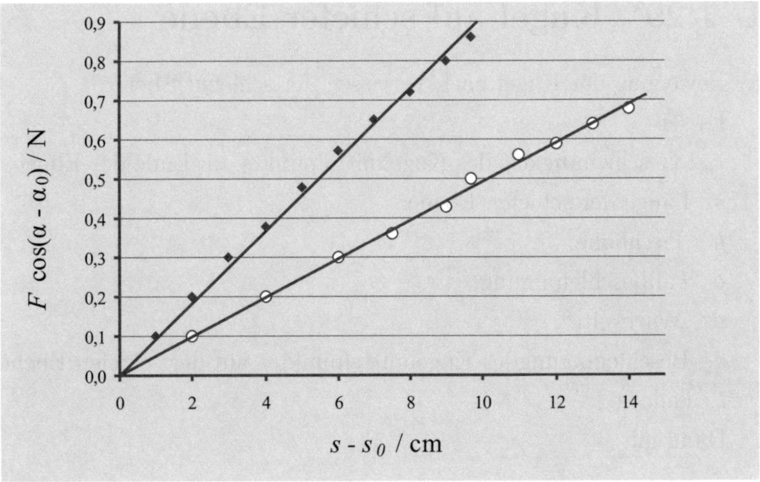

Abb. 4:

d) Der Elastizitätsmodul lässt sich auf zwei Arten bestimmen, entweder aus der Anfangssteigung der Funktion $s = s(F)$ in Abbildung 1 oder aus der Steigung der Geraden $s = s(F \cos\alpha)$ in Abbildung 4.

Die Längen l, b und d müssen bestimmt werden. (Die auf manchen Metallsägeblättern zu findenden Angaben sind nicht genau).

Material	l/ cm	b/ cm	d/ cm
Stahl	28,9	1,2	0,60
Plastik	28,9	2,5	2,29

Mit diesen Daten erhält man für den Elastizitätsmodul von Stahl $E_s = 19{,}7 \cdot 10^6\,\mathrm{N/cm^2} \approx 20 \cdot 10^6\mathrm{N/cm^2}$, für denjenigen des hier verwendeten Plastikmaterials $E_p = 0{,}30 \cdot 10^6\,\mathrm{N/cm^2}$.

Der Fehler dieser Werte ist in erster Linie durch die Längenmessungen bestimmt. Besonders die zur 3. Potenz erhobene Dicke des Stabes ist kritisch. Außerdem ist die Stabbreite b schlecht definiert (beim Metallsägeblatt Sägekante, beim Lineal abgeschrägte Ziehkante). Bei den angegebenen Werten muss ein Fehler von 25 % für Stahl und 15 % für Plastik angenommen werden. Für Stahl wird in der Literatur der Wert $E_s = 21 \cdot 10^6\,\mathrm{N/cm^2}$ angegeben.

Der tatsächliche Wert für das verwendete Plastikmaterial ist nicht bekannt. Messungen mit Linealen verschiedener Firmen ergaben Werte zwischen $0{,}21 \cdot 10^6\,\mathrm{N/cm^2}$ und $0{,}35 \cdot 10^6\,\mathrm{N/cm^2}$.

L–1.29* Kugel auf schiefer Ebene

a) Bewegung der Kugel nach Verlassen der schiefen Ebene:

Es sei

v_0 : Geschwindigkeit des Kugelmittelpunkts am Ende der Ebene,

s : Länge der schiefen Ebene,

h : Tischhöhe,

g : Fallbeschleunigung,

d : „Wurfweite“,

a : Beschleunigungdes Kugelmittelpunktes auf der schiefen Ebene,

t : Fallzeit,

Dann gilt:

(1) $v_0 = \sqrt{2 \cdot a \cdot s};\ a = \dfrac{v_0^2}{2s}$,

(2) $h = \dfrac{1}{2}gt^2 + t \cdot v_0 \sin\alpha$,

(3) $d = t \cdot v_0 \cos\alpha;\ t = \dfrac{d}{v_0 \cos\alpha}$,

Einsetzen von Gl. (3) in Gl. (2), sowie Gl. (4) in Gl. (1) führt auf:

(4) $v_0^2 = \dfrac{g \cdot d^2}{2\cos^2\alpha(h - d \cdot \tan\alpha)}$ und

(5) $a = \dfrac{gd^2}{4s} \cdot \dfrac{1}{(h - d\tan\alpha)\cos^2\alpha}$.

b) Rollbewegung auf der schiefen Ebene:

Die Hangabtriebskraft ist gleich der Summe der Kräfte für Translation, Rotation und Rollreibung.

(6) $F_{\mathrm{HA}} = F_{\mathrm{TR}} + F_{\mathrm{ROT}} + F_{\mathrm{R}}$.

Also gilt

$$mg\sin\alpha = ma + \frac{I\ddot{\varphi}}{r} + F_{\mathrm{R}},$$

mit Kugelradius r, Trägheitsmoment der Kugel $I = \frac{2}{5}mr^2$, Winkelbeschleunigung $\ddot{\varphi}$.

Mit $\ddot{\varphi} = a/r$ und bei Vernachlässigung der Rollreibung erhält man:

$$(7) \quad a = \frac{5}{7} g \sin\alpha \quad \text{bzw.} \quad \frac{a}{\sin\alpha} = \frac{5}{7} g = 7{,}01 \,\frac{\mathrm{m}}{\mathrm{s}^2} \,.$$

Diese Formel gilt natürlich nur, solange die Kugel wirklich rollt und nicht gleitet, also für nicht zu große Winkel (und bei vernachlässigbarer Rollreibung).

Es muss also gelten, dass F_{ROT} kleiner ist als die Gleitreibungskraft F_{GL} :

$$(8) \quad F_{\mathrm{ROT}} = \frac{I\ddot{\varphi}}{r} = \frac{2}{5} ma = \frac{2}{7} mg \sin\alpha \leq f \cdot mg\cos\alpha = F_{\mathrm{GL}} \,,$$

d.h. $\tan\alpha \leq \frac{7}{2} f$ (f = Gleitreibungskoeffizient). (siehe Abschnitt c)

c) Gleitbewegung auf der schiefen Ebene:

F_{ROT} wird mit wachsendem Winkel α ebenfalls größer. Die Kugel rollt, solange diese Kraft kleiner ist als die Gleitreibungskraft F_{GL}. Ist $F_{\mathrm{ROT}} > F_{\mathrm{GL}}$, dann gleitet die Kugel ohne zu rollen, und zwar über die ganze Länge der schiefen Ebene.

Für $\tan\alpha < \frac{7}{2} f$ rollt die Kugel, für $\tan\alpha > \frac{7}{2} f$ gleitet sie.

Ist F_{N} die Normalkraft, mit der die Flächen aufeinander drücken, dann gilt für die gleitende Bewegung in guter Näherung unabhängig von der Größe der Berührungsfläche und der Kugelgeschwindigkeit

$$(9) \quad f = \frac{F_{\mathrm{GL}}}{F_{\mathrm{N}}} \quad \text{also} \quad F_{\mathrm{GL}} = f \cdot mg\cos\alpha \,.$$

Es ist somit

$$(10) \quad ma = mg\sin\alpha - fmg\cos\alpha \quad \text{und}$$

$$(11) \quad f = \tan\alpha - \frac{a}{g\cos\alpha} = \tan\alpha \left(1 - \frac{a}{g\sin\alpha}\right) \,.$$

Dieses f kann man formal für alle Winkel α bestimmen. Rollt die Kugel, so wird sich ein zu kleines f ergeben. Für größere Winkel α nähern sich die Werte an den gesuchten Gleitreibungskoeffizienten an.

d) Messungen und Auswertung: Die Messungen wurden mit einer Glasmurmel (mit Durchmesser 1,5 cm) und einem kunststoffbeschichteten Holzbrett ($s = 47{,}7$ cm) durchgeführt. Die Tischhöhe betrug 78,9 cm. Jede Einzelmessung wurde etwa 20-mal wiederholt und die „Wurfweite“ d grafisch gemittelt.

Vergleichsmessungen mit einer Stahlkugel auf einer Glasplatte streuten weniger und lagen dichter an der Theorie.

$\alpha/^\circ$	$d/\,\mathrm{cm}$	$a/\,\mathrm{m\,s^{-2}}$	$a\sin^{-1}\alpha/\,\mathrm{m\,s^{-2}}$	f
5,05	9,5	0,06	0,68	0,08
8,50	34,0	0,82	5,6	0,06
11,90	40,4	1,25	6,0	0,08
18,50	47,4	2,04	6,4	0,12
30,70	51,0	3,72	7,3	0,15
35,80	49,6	4,46	7,6	0,16
47,60	42,1	6,11	8,3	0,17

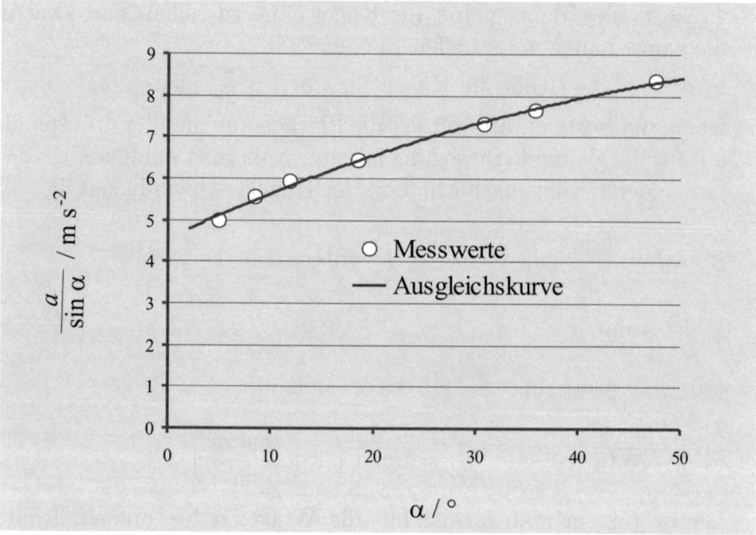

Die Fehlerbalken ergeben sich aus den oberen und unteren Grenzwerten für die „Wurfweite“ d (zwischen $\pm 0{,}5$ cm und ± 1 cm), die in die Formel für a und f eingesetzt wurden.

Auffallend sind die relativ großen Abweichungen der gemessenen Beschleunigung für kleine Winkel. Für kleine Winkel, also kleine Beschleunigungen ist der Einfluss der Reibung relativ groß. Die Rollbewegung erfolgt weniger stark beschleunigt als theoretisch erwartet. Bei etwa 25° wird dieser Effekt durch teilweises Gleiten (Unebenheiten im Brett und Unwucht der Kugel) kompensiert. Für größere Winkel gleitet die Kugel weitgehend. Sie bewegt sich dann erwartungsgemäß stärker beschleunigt als nach der „Rolltheorie“ berechnet wurde.

Lässt man für eine grobe Bestimmung von f die Rollreibung außer acht, dann gilt für $\alpha_0 \approx 25^\circ$ (siehe Abschnitt b),

$$(12)\quad F_{\mathrm{ROT}} = F_{\mathrm{GL}} \quad \text{und} \quad f = \frac{2}{7}\tan\alpha_0 \approx 0{,}13\ .$$

Die Bestimmung von α_0 ist nicht sehr genau. Die gemessenen Beschleunigungen lassen jeden Wert zwischen $f = 0{,}1$ und $f = 0{,}2$ durchaus zu.

L–1.30* Münzen und Reibung

Während die Münze 2 um die Strecke h_1 fällt, gleitet die Münze 1 dieselbe Strecke auf der horizontalen Ebene. Es sei k der Reibungskoeffizient und v die Geschwindigkeit beider Münzen in dem Moment, wenn die Münze 2 den Boden erreicht. Der Energieerhaltungssatz liefert dann

$$(1)\quad m_2 g h_1 = m_1 g h_1 k + (m_1 + m_2)\frac{v^2}{2}\ .$$

Die Münze 1 mit der Geschwindigkeit v rutscht noch die Strecke d_1 auf der horizontalen Ebene und es gilt

$$(2)\quad \frac{m_1}{2}v^2 = m_1 g d_1 k\ .$$

Durch Eliminieren von v erhält man aus (1) und (2):

$$(3)\quad d_1 = \frac{\frac{m_2}{m_1} - k}{\left(\frac{m_2}{m_1} + 1\right)k} h_1 = A_1 h_1\ .$$

Demnach sind d_1 und h_1 proportional. Die Proportinalitätskonstante A_1 hängt vom Reibungskoeffizienten und vom Massenverhältnis der beiden Münzen ab. Anstelle der Energiebetrachtung kann man auch die Bewegungsgleichungen zur Herleitung von (3) verwenden.

Vertauscht man nun die Münzen 1 und 2, so erhält man analog:

$$(4)\quad d_2 = \frac{\frac{m_1}{m_2} - k}{\left(\frac{m_1}{m_2} + 1\right)k} h_2 = A_2 h_2\ .$$

Die Proportionalitätskonstanten A_1 und A_2 werden experimentell bestimmt. Man führt zwei Messreihen durch, in denen jeweils h variiert wird und die zugehörigen d bestimmt werden. A kann dann z.B. aus dem Graphen $d(h)$ entnommen werden.

Aus A_1 und A_2 lassen sich die gesuchten Größen errechnen. Aus den Gln. (3) und (4) ergibt sich

$$(5)\quad \frac{m_1}{m_2} - k = A_2 k\left(\frac{m_1}{m_2}+1\right) \quad \text{und} \quad \frac{m_2}{m_1} - k = A_1 k\left(\frac{m_2}{m_1}+1\right).$$

Eliminieren von m_1/m_2 führt auf eine quadratische Gleichung für k:

$$(6)\quad k^2(A_1+A_2+1) + k\cdot(A_1+A_2) - 1 = 0 \quad \text{mit} \quad k = \frac{1}{A_1+A_2+1}.$$

Setzt man dies in (5) bzw. (6) ein, so erhält man für das Massenverhältnis

$$(7)\quad \frac{m_1}{m_2} = \frac{A_2+1}{A_1+1}.$$

In Vorversuchen wurde zunächst eine geeignete Unterlage ausgesucht. Passepartoutkarton (glatt, 1 mm dick) lieferte relativ gut reproduzierbare Ergebnisse. Noch besser war die Oberfläche eines glatt lackierten Tisches, der dann auch für die Messungen gewählt wurde.

Die beiden Münzen wurden mit einem Zwirnsfaden aneinander befestigt und zwar so, dass die hängende Münze eine genau horizontale Lage hatte und mit ihrer ganzen Fläche den Boden gleichzeitig berührte. Beim Versuch wurde darauf geachtet, dass die rutschende Münze eine reine Translationsbewegung ausführte.

Der Startpunkt der rutschenden Münze wurde mit Klebstreifen auf dem Tisch markiert. Gemessen wurde h in ruhendem Zustand vor dem Start sowie der Abstand zwischen Start- und Endpunkt ($h+d$) der rutschenden Münze.

Jede Einzelmessung wurde dreimal wiederholt.

h/ cm	Reihe 1 d/ cm	Reihe 2 d/ cm
6,0	11,0	7,5
16,0	23,0	19,5
26,0	37,5	30,5
36,0	52,0	42,0
46,0	63,0	55,5

Die Ergebnisse der Messungen sind im nachfolgenden Graphen dargestellt. Mit $A_1 = 1{,}51 \pm 0{,}5$ und $A_2 = 1{,}20 \pm 0{,}5$ erhält man

$$(8) \quad \frac{m_1}{m_2} = \frac{A_2 + 1}{A_1 + 1} = 0{,}88 \quad \text{und} \quad k = \frac{1}{A_1 + A_2 + 1} = 0{,}27.$$

Die Fehler sind jeweils 0,01. Eine Kontrollwägung ergibt für die Ein-Euro-Münze $m_1 = 7{,}5\,\text{g}$ und für die Zwei-Euro-Münze $m_2 = 8{,}5\,\text{g}$, also $m_1/m_2 = 0{,}88$.

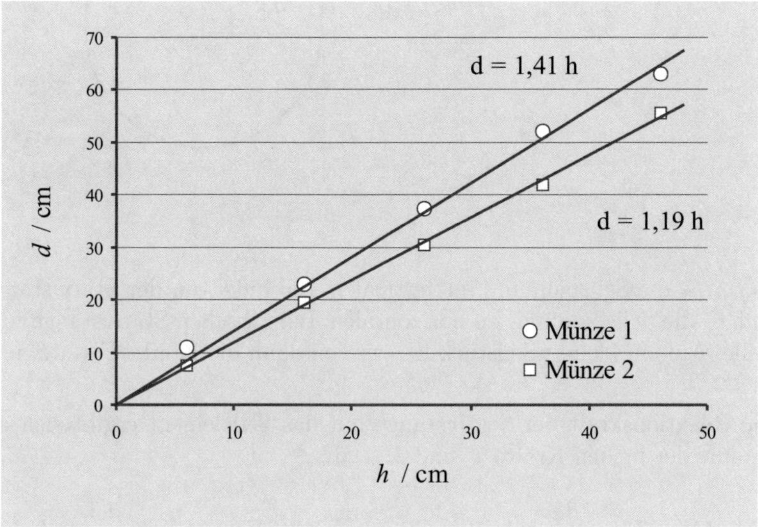

Für den Gleitreibungskoeffizienten kann man leicht eine Kontrollmessung durchführen. Neigt man den Tisch, so beginnen die Münzen bei etwa 16° gleichmäßig zu rutschen und es gilt mit $F_\text{R} = k \cdot F_\text{N}$:

$$(9) \quad k = \frac{F_\text{R}}{F_\text{N}} = \frac{m \cdot g \cdot \sin\alpha}{m \cdot g} = \sin\alpha \approx \sin 16^\circ = 0{,}28$$

Im Nachhinein folgt daraus, dass die Reibung zwischen Faden und Kugelschreibermine in guter Näherung vernachlässigt werden kann. Sie erklärt jedoch – beim Massenverhältnis m_1/m_2 – die systematische Abweichung zwischen Experiment und Wägung.

L–1.31* Reibung zwischen Schnur und Stange

Zu b)

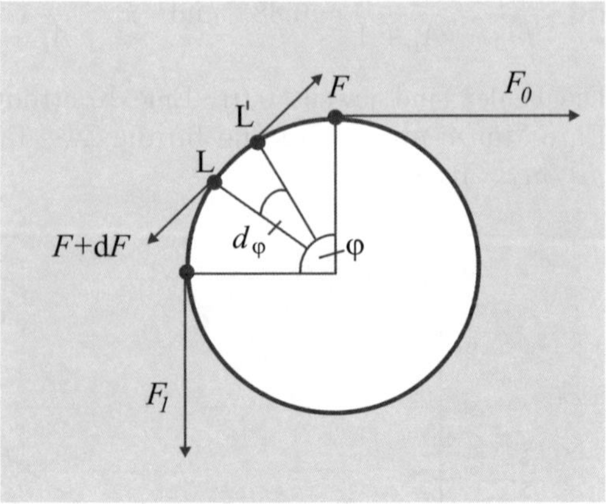

Es sei F_1 die Seilspannung im vertikalen Teil links von der Stativstange und F_0 die Seilspannung im horizontalen Teil zwischen Stativstange und Rolle. Auf ein kleines Seilstück LL' wirken dann die Kräfte $F + \mathrm{d}F$ und F.

Die Reaktionskraft der Stativstange auf das Seilelement ergibt sich als Summe der beiden Kräfte F und $F + \mathrm{d}F$.

(1) $$\mathrm{d}N = F \sin\frac{\mathrm{d}\varphi}{2} + (F + \mathrm{d}F)\sin\frac{\mathrm{d}\varphi}{2} = (2F + \mathrm{d}F)\sin\frac{\mathrm{d}\varphi}{2} \approx F\,\mathrm{d}\varphi\,.$$

Die Reibungskraft des Seilelements ist $\mathrm{d}F = k \cdot \mathrm{d}N = kF\,\mathrm{d}\varphi$, wobei k der Reibungskoeffizient ist,

(2) $$\frac{\mathrm{d}F}{F} = k\,\mathrm{d}\varphi,\ \int\limits_{F_0}^{F_1} \frac{\mathrm{d}F}{F} = k\int\limits_0^{\varphi} \mathrm{d}\varphi,\ \ln\frac{F_1}{F_0} = k\varphi \text{ bzw. } F_1 = F_0 e^{k\varphi}\,.$$

a) In den Lagen 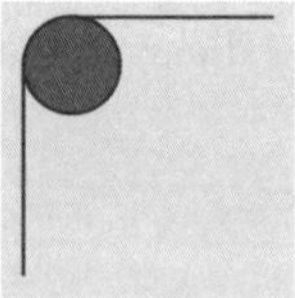 erhält man die Werte $\varphi = \frac{\pi}{2}, \frac{5}{2}\pi, \frac{9}{2}\pi$.

b) In den Lagen 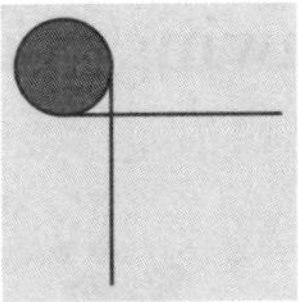 erhält man die Werte $\varphi = \frac{3}{2}\pi$, $\frac{7}{2}\pi$ $\frac{11}{2}\pi$.

Eine Tabelle der Messergebnisse könnte etwa so aussehen:

φ	F_0/ N	F_1/ N	F_0/F_1	$\ln(F_0/F_1)$
$\frac{1}{2}\pi$	2,8	2,3	1,2	0,20
$\frac{3}{2}\pi$	4,1	2,3	1,8	0,58
$\frac{5}{2}\pi$	5,5	2,3	2,4	0,87
$\frac{7}{2}\pi$	9,0	2,3	3,9	1,36
$\frac{9}{2}\pi$	11,0	2,3	4,8	1,56
$\frac{11}{2}\pi$	17,0	2,3	7,4	2,00
$\frac{13}{2}\pi$	22,0	2,3	9,6	2,26

Man stellt zweckmäßigerweise $\ln(F_1/F_0)$ in Abhängigkeit von φ dar.

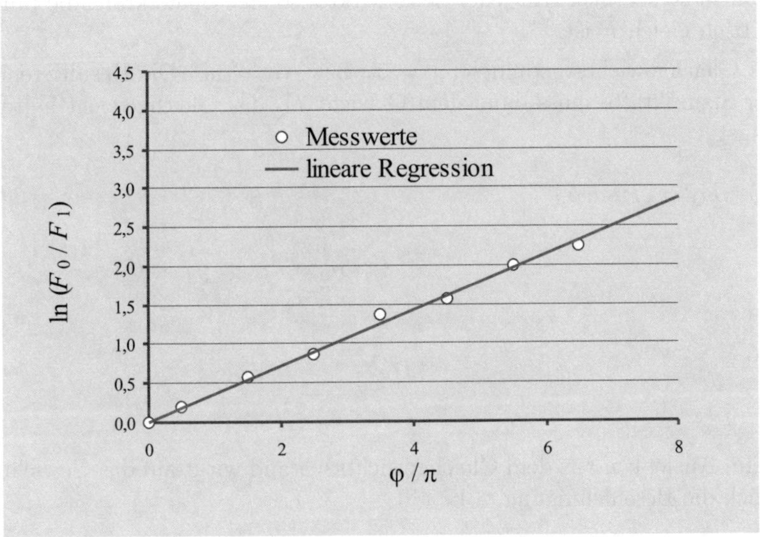

Es ergibt sich eine Gerade mit dem Anstieg k.

Im vorliegenden Fall erhält man $k = 0{,}116$ mit $0{,}111 < k < 0{,}124$.

L–1.32* Gummiband-Schwingungen

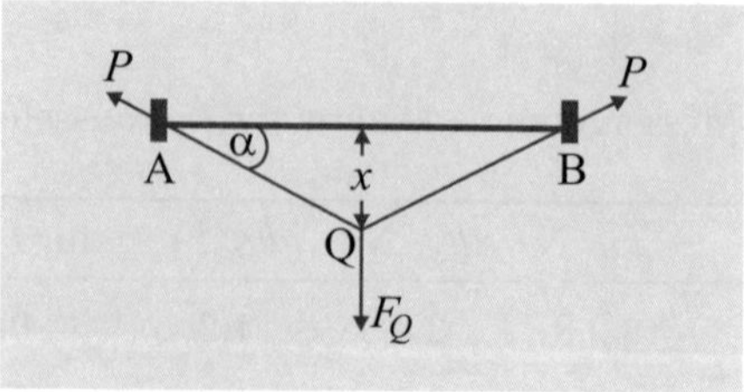

Zu d) vereinfachende Annahmen:

- das Gummiband ist sehr leicht und dünn,
- das Gewichtsstück Q kann als Massenpunkt betrachtet werden,
- die Schwingungen haben kleine Amplituden,
- das Gummiband ist so stark gespannt, dass es in der Gleichgewichtslage fast horizontal ist.
- Eine geringe Auslenkung x verändert die Länge des Gummibandes nicht wesentlich. Auf jeder Seite wirkt also eine Spannkraft, die praktisch gleich P ist.

Im Gleichgewichtszustand sei $x = x_0$ bzw. $\alpha = \alpha_0$. Die Resultierende der Spannkräfte muss dann dem Gewicht F_Q das Gleichgewicht halten. Es ist:

(1) $F_\mathrm{Q} = 2P \sin\alpha_0$.

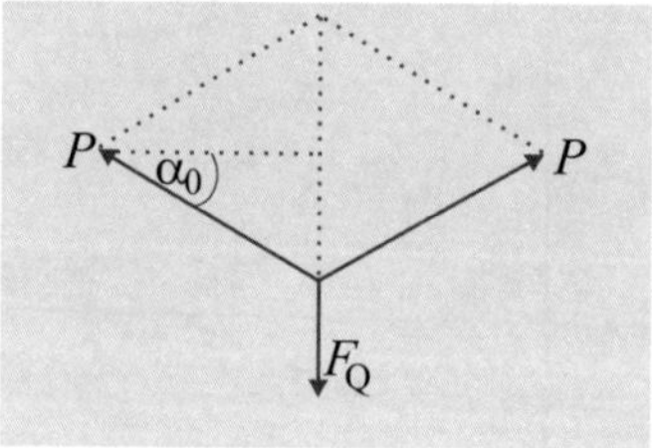

Beim Auslenken aus dem Gleichgewichtszustand wirkt auf das Gewichtsstück die Beschleunigung a. Es gilt

$$(2)\quad F = \frac{F_\mathrm{Q}}{g}a = F_\mathrm{Q} - 2P\sin\alpha = 2P(\sin\alpha_0 - \sin\alpha)$$

$$\approx 2P(\tan\alpha_0 - \tan\alpha) = \frac{4P(x_0 - x)}{l} ,$$

(3) $a \approx -\dfrac{4Pg}{F_{\mathrm{Q}}l}(x - x_0)$.

Die Beschleunigung ist proportional der Ablenkung aus der Gleichgewichtslage, d.h., die Schwingung ist harmonisch. Für die Schwingungsdauer gilt:

(4) $T = 2\pi\sqrt{\dfrac{F_{\mathrm{Q}}l}{4Pg}} = \pi\sqrt{\dfrac{F_{\mathrm{Q}}l}{Pg}}$; also ist $T \sim \dfrac{1}{\sqrt{P}}$.

a) Es sollten insbesondere die folgenden Punkte erwähnt werden:
   - Es ist darauf zu achten, dass das Gewichtstück Q nicht in Eigenschwingung gerät (nicht pendelt).
   - Die Schwingungsamplitude muss klein sein, da sonst unharmonische Schwingungen auftreten. Für kleine P erfordert dies besondere Vorsicht.

b) Der Versuch wurde durchgeführt mit $l = 1{,}5\,\mathrm{m}$ und $F_{\mathrm{Q}} = 1{,}2\,\mathrm{N}$.

$P/\,\mathrm{N}$	$\frac{1}{\sqrt{P}}/\,\frac{1}{\sqrt{\mathrm{N}}}$	$T/\,\mathrm{s}$
1,73	0,760	0,890
2,23	0,670	0,865
2,73	0,605	0,793
3,23	0,556	0,739
3,73	0,518	0,692
4,23	0,486	0,645
4,73	0,460	0,609
5,23	0,437	0,585
5,73	0,418	0,555
6,23	0,401	0,533
6,73	0,386	0,517
7,23	0,372	0,498
15,73	0,252	0,336

Zur Bestimmung von T wurde jeweils die Zeit von 50 Einzelschwingungen aufsummiert. Dazu waren meist zwei oder drei Zeitmessungen nötig. Der erste Tabellenwert ist relativ ungenau, da hier nicht mehr als fünf Schwingungen gemessen werden konnten.

c) Eine Darstellung $T = f(P)$ erfüllt nicht die Aufgabenstellung. Es sollten vielmehr die Variablen so gewählt werden, dass das Schaubild eine Gerade ergibt, also entweder

(5) $T = f^{\star}\dfrac{1}{\sqrt{P}}$ oder $\log T = f^{\star\star}(\log P)$.

Mit den Werten $l = 1{,}5\,\mathrm{m}$ und $F_Q = 1{,}2\,\mathrm{N}$ erhält man nach der theoretisch hergeleiteten Formel

$$(6)\quad T = 1{,}35 \cdot \frac{1}{\sqrt{P}}\,.$$

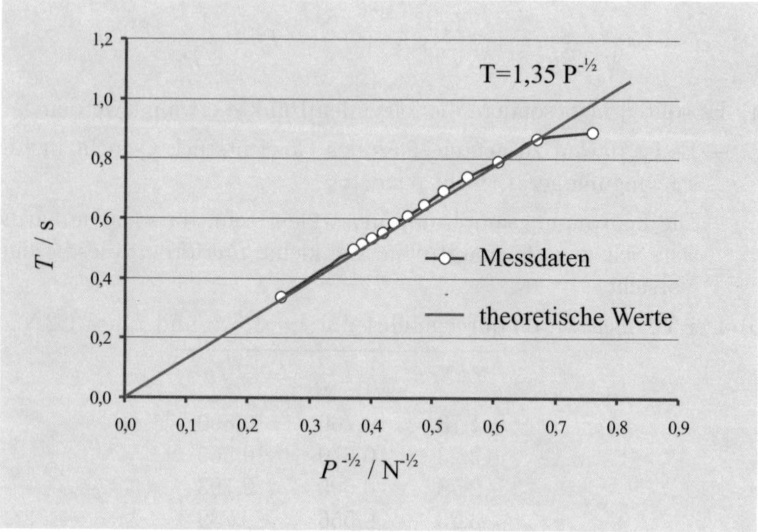

Für große P stimmen die experimentellen Werte hiermit gut überein; für kleine P gibt es systematische Abweichungen. Hier weicht die Gleichgewichtslage schon beträchtlich von der Horizontalen ab, d.h. es ist α_0 nicht mehr sehr klein. Das Gewicht F_Q übt eine zusätzliche Spannkraft aufgrund der Verlängerung des Gummibandes aus. Sie ist nach dem Hooke'schen Gesetz der Verlängerung proportional.

$$(7)\quad F \sim \Delta l = l' - l = l\left(\frac{1}{\cos\alpha_0} - 1\right)$$

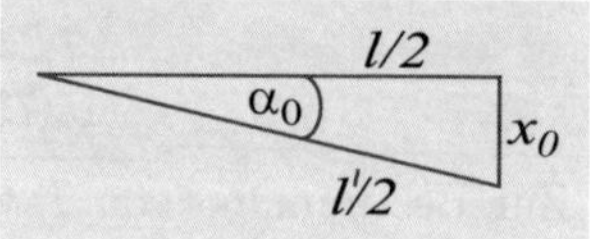

Man sieht, dass diese zusätzliche Spannkraft nur für kleine x_0 vernachlässigbar ist. Für größere x_0 liegt sie in der Größenordnung von F_Q. Die Schwingung ist dann nur noch harmonisch, wenn ihre Amplitude klein gegen x_0 ist.

L–1.33* Oberflächenspannung

Nach der Theorie ist der Überdruck Δp in der Seifenblase dem Radius r_0 umgekehrt proportional:

$$(1)\quad \Delta p = \frac{4\sigma}{r_0} \,.$$

Die Formel kann der Literatur entnommen werden. Hieraus lässt sich die Oberflächenspannung σ berechnen, wenn Δp und r_0 experimentell bestimmt werden.

r_0 wird zweckmäßigerweise auf optischem Wege bestimmt, durch Projektion der Seifenblase auf eine Skala. Wenn die Lichtquelle genügend weit entfernt ist, kann der Radius des Schattens gleich demjenigen der Seifenblase gesetzt werden.

Δp kann nicht direkt bestimmt werden, sondern wird mit Hilfe des Hagen-Poiseuille'schen Gesetzes aus den gemessenen Größen r_0 und T berechnet.

$$(2)\quad \frac{\mathrm{d}V}{\mathrm{d}t} = \frac{\pi R^4}{8\eta l}\Delta p \,.$$

$\mathrm{d}V$ und Δp hängen vom momentanen Radius r ab. Es ist $\mathrm{d}V = 4\pi r^2\,\mathrm{d}r$ wegen $V = 4\pi r^3/3$ und $\Delta p = 4\sigma/r$.

Die Gasstromstärke soll positiv sein, wenn die Blase kleiner wird; $\frac{\mathrm{d}V}{\mathrm{d}t}$ und $\mathrm{d}V$ haben also unterschiedliche Vorzeichen. Einsetzen ergibt:

$$(3)\quad \mathrm{d}t = -\frac{8\eta l}{\sigma R^4} r^3\,\mathrm{d}r \,,$$

Anfangs hat die Blase den Radius r_0 nach der Zeit T sei der Radius $r = 0$. Integration in den dadurch gegebenen Grenzen:

$$(4)\quad \int\limits_{t=0}^{t=T} \mathrm{d}t = -\frac{8\eta l}{\sigma R^4}\int\limits_{r=r_0}^{r=0} r^3\,\mathrm{d}r \,,\; T = \frac{8\eta l}{\sigma R^4}\cdot\frac{r_0^4}{4} = \frac{2\eta l r_0^4}{\sigma R^4} \,.$$

Damit ist eine Beziehung zwischen den experimentell bestimmten Größen T und r_0 hergeleitet.

Auflösen nach σ und Einsetzen in (1) ergibt:

$$(5)\quad \Delta p = \frac{8\eta l r_0^3}{R^4 T} \,.$$

Nachdem der Radius r_0 der Blase gemessen wurde, lässt man die Luft in der Blase durch den Strohhalm ausströmen und bestimmt die Zeit, die vergeht, bis die Blase verschwunden ist. Daraus wird Δp berechnet.

Die Messwerte werden in einer Tabelle festgehalten:

Reihe 1:

r_0/ cm	r_0^4/ cm^4	$\frac{1}{r_0}$/ m^{-1}	T/ s	Δp / N m^{-2}
1,50	5	66,9	2,5	7,73
1,82	11	54,9	7,0	4,93
2,06	18	48,5	10,0	5,01
2,24	25	44,6	13,5	4,77
2,34	30	42,7	17,0	4,32
2,63	48	38,0	27,0	3,86
2,70	53	37,0	29,0	3,89
2,79	61	35,8	33,5	3,71
2,94	75	34,0	40,5	3,60
2,99	80	33,4	41,0	3,74
3,19	104	31,4	57,0	3,26
3,25	112	30,8	59,0	3,33
3,25	112	30,8	60,0	3,28
3,65	177	27,4	93,0	3,00

Reihe 2:

r_0/ cm	r_0^4/ cm^4	$\frac{1}{r_0}$/ m^{-1}	T/ s	Δp / N m^{-2}
1,68	8	59,5	2,0	7,35
1,73	9	57,8	3,0	5,35
2,21	24	45,3	7,5	4,46
2,34	30	42,7	9,0	4,41
2,55	42	39,2	13,5	4,81
2,75	57	36,4	16,0	4,03
2,75	57	36,4	17,0	3,79
2,79	61	35,8	19,0	3,54
3,04	85	32,9	25,0	3,48
3,11	94	32,2	26,5	3,52
3,25	112	30,8	31,0	3,43
3,34	125	29,9	40,0	2,89

Im oberen Graphen auf der nächsten Seite ist $r_0^4 = f(T)$ dargestellt. Aus der Steigung der Geraden lässt sich dann σ berechnen. Der untere Graph zeigt die Gerade $\Delta p = f\left(\frac{1}{r_0}\right)$, deren Steigung 4σ beträgt.

Es ist wenig sinnvoll zu versuchen, bestimmte vorgegebene Werte von r_0 zu realisieren. Da die Blasen nach einiger Zeit platzen, muss man schnell arbeiten und nimmt deshalb die Werte, die beim Aufblasen entstehen. Auf eine genügend große Variation ist zu achten (Ausströmzeiten zwischen einigen Sekunden und einer Minute).

Da die Einzelmessungen ziemlich streuen, muss man recht viele Blasen untersuchen, mindestens etwa 15. Es ist etwas umständlich, für jede Δp auszurechnen. Einfacher ist es, mit Gleichung (2) zu arbeiten.

Der Graph $T = f_2(r_0^4)$ ist eine Gerade aus deren Steigung σ auch berechnet werden kann.

Die im Folgenden wiedergegebenen Ergebnisse wurden mit zwei Trinkhalmen gewonnen:

$$\text{Trinkhalm (1): } l = 21{,}9\,\text{cm};\ R = 1{,}51\,\text{mm}\ ,$$
$$\text{Trinkhalm (2): } l = 13{,}5\,\text{cm};\ R = 1{,}56\,\text{mm}\ .$$

Trinkhalme mit zu kleinem Verhältnis l/R sind ungeeignet, da dann das Gesetz von Hagen-Poiseuille nicht mehr gilt.

Die Radien können bestimmt werden, indem der Trinkhalm mit Wasser gefüllt und dieses anschließend gewogen wird. Wenn der Trinkhalm überall einen kreisförmigen Querschnitt hat, reicht auch eine Bestimmung mit der Schieblehre bzw. Mikrometerschraube. Es ist dann darauf zu achten, dass die Wandstärke vom Außenradius subtrahiert wird.

$$\text{Trinkhalm (1): } \sigma = 0{,}145 \cdot 10^7 \cdot 1{,}88 \cdot 10^{-8}\,\text{N/m} = 27 \cdot 10^{-3}\,\text{N/m}\ ,$$
$$\text{Trinkhalm (2): } \sigma = 0{,}078 \cdot 10^7 \cdot 3{,}36 \cdot 10^{-8}\,\text{N/m} = 26 \cdot 10^{-3}\,\text{N/m}\ .$$

Für die Messungen wurde Pustefix™ verwendet. Die Oberflächenspannungen von Pril™wasser oder Seifenlösung liegen jedoch in derselben Größenordnung.

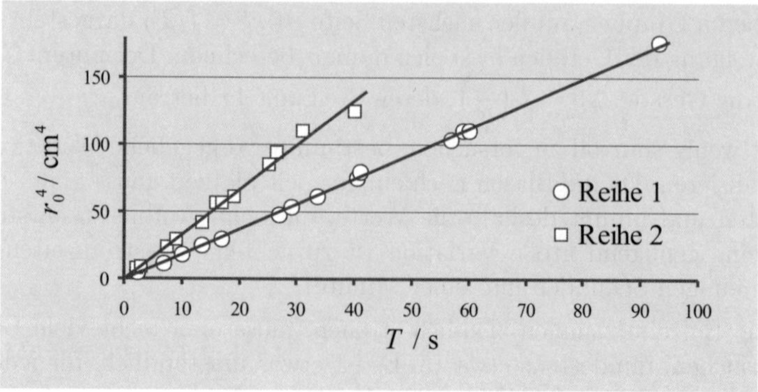

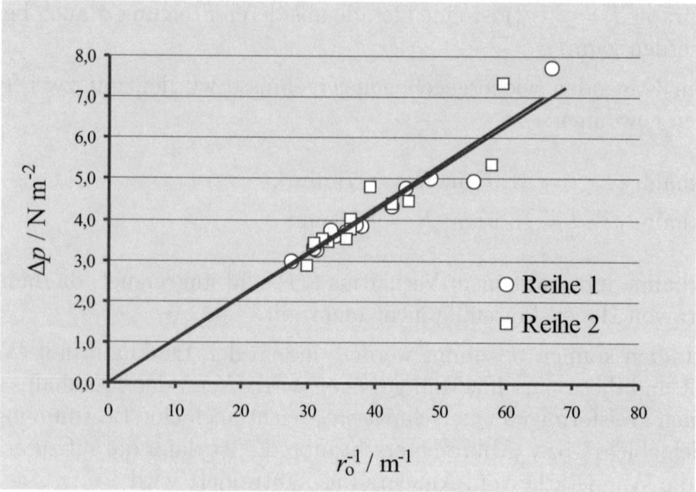

Die größten Fehlerquellen liegen in den Messungen von R und r_0, die beide mit der vierten Potenz in das Ergebnis eingehen. $2R$ kann auf etwa 0,1 mm genau bestimmt werden, $2r_0$ auf etwa 1 mm genau. Eine Fehlerabschätzung für eine Einzelmessung ergibt also:

$$(6) \quad \frac{\Delta\sigma}{\sigma} \approx 4 \cdot \frac{\Delta R}{R} + 4 \cdot \frac{\Delta r_0}{r_0} \approx 4 \cdot \frac{0{,}1}{3} + 4 \cdot \frac{1}{50} \approx 20\,\% \,.$$

Wenn man genügend viele Blasen untersucht, kann man annehmen, dass die Ungenauigkeit des Ergebnisses im Wesentlichen auf Messfehlern von R beruht und in der Größenordnung von 15 % liegt. Ein genaueres Ergebnis kann man nur bei Verwendung von Strohhalmen mit verschiedenen Durchmessern erwarten.

L–1.34* Energieverlust beim Stoß

a) Sind α und β die Ablenkwinkel nach dem Stoß, so folgt aus dem Impulserhaltungssatz:

(1) $v = u_1 \cos\alpha + u_2 \cos\beta$,

(2) $0 = u_1 \sin\alpha - u_2 \sin\beta$.

Durch Umformung erhält man:

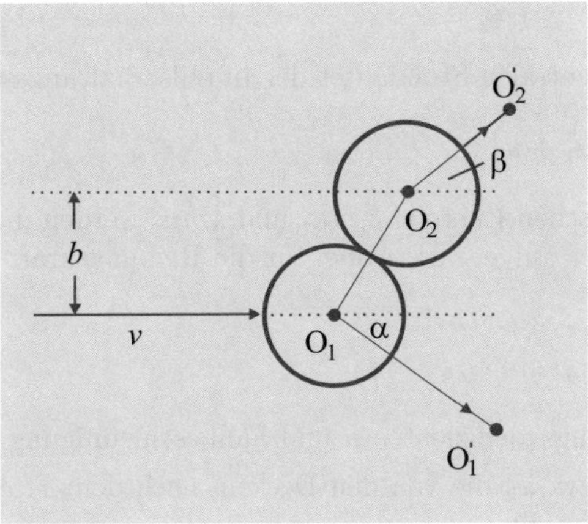

(3) $u_1 = \dfrac{v \sin\beta}{\sin(\alpha+\beta)}$, $u_2 = \dfrac{v \sin\alpha}{\sin(\alpha+\beta)}$ und

(4) $k = \dfrac{v^2 - u_1^2 - u_2^2}{v^2} = 1 - \dfrac{\sin^2\alpha + \sin^2\beta}{\sin^2(\alpha+\beta)}$.

Mit den gemessenen Winkeln von α und β ergibt sich ein Kurvenverlauf für k als Funktion von b (s. nächste Seite).

Der Stoßparameter b kann recht genau festgelegt werden, indem man z.B. ein um 90° gekipptes Lineal als Leitschiene für den stoßenden Deckel benutzt.

Quantitativ können sich mit anderen Deckeln und Versuchsbedingungen abweichende Werte ergeben; qualitativ ergeben sich stets kleinere Werte für k bei größeren Stoßparametern b.

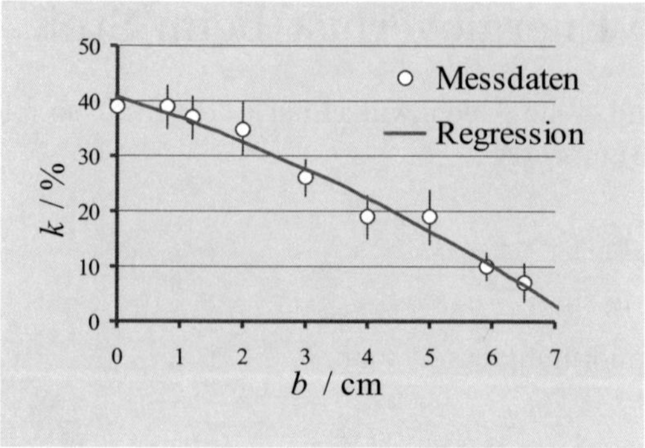

b) Für den zentralen Stoß lautet der Impulserhaltungssatz:

$$(5) \quad v = u_1 + u_2 \, .$$

Die kinetischen Energien $\frac{1}{2}mu_1^2$ und $\frac{1}{2}mu_2^2$ werden durch Reibung auf dem Papier aufgezehrt, wobei für die Reibungskraft F_R in guter Näherung gilt:

$$(6) \quad F_\mathrm{R} = \mu \cdot m \cdot g \, ,$$

mit Reibungskoeffizienten μ und Fallbeschleunigung g.

Sind x_1 bzw. x_2 die von den Deckeln nach dem Stoß zurückgelegten Wege, dann gilt

$$(7) \quad \frac{m}{2}u_1^2 = \mu \cdot m \cdot g \cdot x_1 \quad \text{und} \quad \frac{m}{2}u_2^2 = \mu \cdot m \cdot g \cdot x_2 \, .$$

Aus Gln. (4), (5) und (7) folgt:

$$(8) \quad v = \sqrt{2\mu g}\,(\sqrt{x_1} + \sqrt{x_2}) \quad \text{und}$$

$$(9) \quad k = \frac{2\sqrt{x_1 \cdot x_2}}{\left(\sqrt{x_1} + \sqrt{x_2}\right)^2} \, .$$

Als Mittelwert ergab sich bei unseren Versuchen zum zentralen Stoß:

$$k = 0{,}38 \pm 0{,}02 \, .$$

L–1.35* Rotierende Eier

Weil die Kippfrequenz f_0 von der Größe und Form des Eies abhängt, werden die Resultate der einzelnen Lösungen voneinander abweichen. Die folgende Lösung kann also nur das Prinzip deutlich machen.

– zur Theorie:

Die Rotationsfrequenz soll linear von der Zeit abhängen:

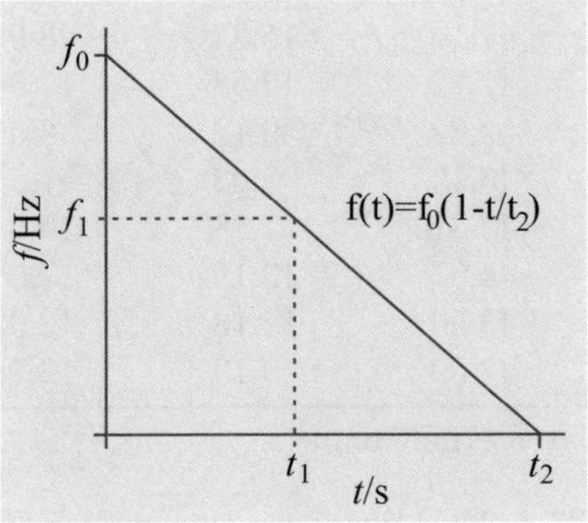

t_2 ist die Zeitspanne vom Kippen bis zur Ruhe. Sie wird mit der Stoppuhr gemessen. Zum Zeitpunkt des Kippens ist die Rotationsfrequenz zu hoch, um die Zahl der Umdrehungen bis zur Ruhe ohne weitere Hilfsmittel auszählen zu können. Man zählt also die Zahl der Umdrehungen vom Zeitpunkt t_1 an (wenn das Ei sich langsam genug dreht) bis zur Ruhe und stoppt die entsprechende Zeit mit einer zweiten Stoppuhr.

Die Anzahl der Umdrehungen im Zeitintervall $[t_1,t_2]$ ist:

$$(1) \quad N_{1,2} = \int_{t_1}^{t_2} f(t)\,\mathrm{d}t = f_0 \left(-\frac{t^2}{2t_2} + t\right)\Bigg|_{t_1}^{t_2} = f_0 \frac{(t_2 - t_1)^2}{2t_2} \;.$$

Also gilt:

$$(2) \quad f_0 = \frac{2t_2}{(t_2 - t_1)^2} \cdot N_{1,2} \;.$$

– zur Messung und Auswertung:

Die Festlegung des Kippzeitpunktes ist etwas willkürlich, weil das Ei zwischen den Positionen B und C eine Weile torkelt. Die Wahl des Zeitnullpunktes beeinflusst das Ergebnis und sollte deshalb im Protokoll vermerkt sein. Im folgenden Beispiel war $t = 0$ der Zeitpunkt, in dem die Rotationsachse etwa 60° geneigt war.

Die gemessenen Zeiten und Umdrehungszahlen hängen stark von der Reibung (also der Beschaffenheit der Unterlage) ab. Die Kippfrequenz f_0 wird davon jedoch nicht beeinflusst.

Nr.	$t_2/\,\mathrm{s}$	$(t_2 - t_1)/\,\mathrm{s}$	$N_{1,2}$	$f_0/\,\mathrm{Hz}$
1	55,07	12,25	16,0	11,74
2	44,56	9,03	11,0	12,02
3	45,03	7,25	9,0	15,42
4	47,10	15,34	28,0	11,21
5	47,72	12,53	17,0	10,33
6	49,69	9,12	8,5	10,16
7	46,13	8,03	7,5	10,73
8	45,81	7,88	10,5	15,49
9	44,97	13,19	17,0	8,79
10	43,50	11,18	12,0	8,35
11	42,69	9,13	12,75	13,06

Aus den Messdaten erhält man:

$$(3) \quad \overline{f}_0 = (11{,}57 \pm 0{,}65)\,\mathrm{Hz} \quad \text{bzw.} \quad \overline{f}_0 = 11{,}57\,\mathrm{Hz} \pm 5{,}6\,\% \,.$$

Einfluss des Kippzeitpunktes: Wäre als Zeitnullpunkt des Kippvorgangs der Beginn des Kippens gewählt worden, so hätte sich eine um etwa 2 Hz höhere Frequenz f_0 (und ein etwas größerer statistischer Fehler) ergeben. Legt man den Zeitnullpunkt auf das Ende des Kippvorgangs, so erhält man eine um etwa 3-4 Hz kleinere Kippfrequenz f_0.

L–1.36* Trägheitsmoment eines Rades

Das Fahrrad wird auf den Kopf gestellt, damit sich das Vorderrad frei bewegen kann.

Das Rad wird so austariert (z.B. mit Knetgummi oder angeklebten Münzen), dass das Rad bei einer Auslenkung aus seiner momentanen Ruhelage nicht oszilliert.

a) Theorie:

Bringt man auf dem Reifen eine Zusatzmasse m an, so oszilliert das Rad mit der Schwingungsdauer

$$(1) \quad T = 2\pi \sqrt{\frac{mR^2 + \theta}{mgR}} \, ,$$

wobei R der Abstand zwischen Achse und Zusatzmasse m, θ das Trägheitsmoment des Rades und M die Masse von Rad, Felge und Reifen ist.

Wenn $mR^2 \ll \theta \approx MR^2$, also $m \ll M$, dann gilt:

$$(2) \quad \theta = \frac{mgR}{4\pi^2} T^2 \, .$$

b) Experimentelle Durchführung

Als Zusatzmasse wurde ein Satz von 2 €-Münzen (2, 4, 6 und 8 Stück) verwendet. Diese wurden in jeweils gleicher Zahl mit Tesafilm auf den Reifen und unter die Felge geklebt. (Tourenrad 28 × 1.75)

Der mittlere Abstand der Münzen von der Achse betrug $R = 33\,\text{cm}$.

Eine 2 €-Münze hat die Masse $m_0 = 8{,}5\,\text{g}$. Die Masse von 10 Münzen wurde mit einer Briefwaage ermittelt. Bei stark gedämpften Schwingungen muss man den Konus an der Nabe etwas lösen und evtl. ölen (oder ein anderes Rad benutzen).

Kritik:
Das Rad wurde mit zwei 2 €-Münzen austariert. Das gelang nicht genau, was sich in der Auswertung als Mangel herausstellte. Die Messungen wurden ohne die Tariermünzen durchgeführt ($n = 0 \mathrel{\widehat{=}}$ also zwei Münzen).

c) Messwerte und Auswertung:

Es sei n die Zahl der 2 €-Münzen. T wurde für 5 bis 15 Schwingungen gemessen. Des Weiteren ist $\theta = \frac{gRm_0}{4\pi^2}T^2(n+2)$.

n	$\frac{1}{n+2}$	$\overline{T}$ / s	$\overline{T}^2$ / s²	θ / kg m²
0	0,5	11,3	127,7	0,178
2	0,25	8,40	70,6	0,197
4	0,167	6,96	48,4	0,202
6	0,125	6,09	37,1	0,207
8	0,1	5,47	29,9	0,209

Wegen der schlechten Austarierung geht der Graph $\theta\left(\frac{1}{n+2}\right)$ nicht durch Null und die Berechnungen zeigen einen Trend. Der Einfluss dieses systematischen Fehlers wird mit zunehmender Masse $(n+2)m_0$ geringer. Daher ist

(3) $\theta = 0{,}21\,\mathrm{kg\,m^2} \pm 0{,}01\,\mathrm{kg\,m^2}$.

Zum Vergleich: Für ein Rennrad ist $\theta = 0{,}082\,\mathrm{kg\,m^2}$.´

L–1.37* Schiefe Ebene

a) Theorie:

Am Fußpunkt der schiefen Ebene hat die Kugel die Translationsgeschwindigkeit v in Richtung der schiefen Ebene. Ihre Komponente in Richtung der horizontalen Ebene sei v_x mit

(1) $v_\mathrm{x} = v \cdot \cos\varphi$.

Startet die Kugel in der Höhe h über der schiefen Ebene und im Abstand l vom Fußpunkt der schiefen Ebene, so gilt

(2) $h = l \cdot \sin\varphi$ und $mgh = \frac{1}{2}mv^2 + \frac{1}{2}I\omega^2$,

wobei $I = \frac{2}{5}mR^2$ das Trägheitsmoment der Kugel um die Schwerpunktsachse und $\omega = \frac{v}{R}$ die Winkelgeschwindigkeit der rotierenden Kugel ist.

– Fall 1: Die Kugel rollt ohne zu gleiten. Dann gilt

(3) $mgh = \frac{1}{2}mv^2 + \frac{1}{2}\left(\frac{2}{5}mR^2\right)\frac{v^2}{R^2}$, mit

(4) $v = \sqrt{\frac{10}{7} gh} \sim \sqrt{h}$.

– Fall 2: Die Kugel gleitet (reibungsfrei) ohne zu rollen. Dann gilt

(5) $mgh = \frac{1}{2} mv^2$, mit

(6) $v = \sqrt{2gh} \sim \sqrt{h}$.

Wegen $h = l \cdot \sin\varphi$ gilt also in beiden Fällen

(7) $v \sim \sqrt{\sin\varphi}$, also

(8) $v_\mathrm{x} = v \cos\varphi = A\sqrt{\sin\varphi}\cos\varphi$.

Für das Maximum von v_x ist $\frac{\mathrm{d}v_\mathrm{x}}{\mathrm{d}\varphi} = 0$, was nach Gl. (8) $\varphi = 0{,}62\,\mathrm{rad}$ der Fall ist.

Zu erwarten ist also ein Maximum für die Geschwindigkeitskomponente v_x bei $\varphi \approx 35^\circ$.
(Die meisten Schüler vermuten zunächst $\varphi = 90^\circ$, danach $\varphi = 45^\circ$.)

b) Experimentelle Durchführung:

Die größte Schwierigkeit stellt die Geschwindigkeitsmessung dar. Die Bewegung muss möglichst reibungsfrei erfolgen und die für den zurückgelegten Weg benötigte Zeit muss so groß sein, dass die Fehler bei einer Handstoppung relativ klein sind.

In unserem Beispiel war die horizontale Ebene ein neuer, lackierter Tisch von 1,40 m Länge. Als schiefe Ebene diente ein 30-cm-Plastik-Lineal mit einer Markierung bei 15 cm als Start für die Kugel (bei längerem Anlauf war die Kugel zu schnell). Damit das Lineal nicht verrutscht, wurde es mit ein wenig Knetmasse am Tisch befestigt.

Es wurde bei 9 verschiedenen Winkeln zwischen 10° und 60° gemessen, jeweils 10 mal, weil die Messungen zum Teil erheblich streuen.

c) Messungen und Ergebnisse:

Ist $\tilde{h}$ die Höhe des Linealendes über dem Tisch und $\tilde{l}$ die Lineallänge, lässt sich der Neigungswinkel φ mit $\tilde{h}$ sehr genau einstellen:

$\tilde{h} = \tilde{l} \sin\varphi$. T ist die mittlere Laufzeit der Kugel für die 1,40 m-Strecke.

$\varphi\,/\,^\circ$	$\tilde{h}\,/\,\text{cm}$	$T\,/\,\text{s}$
60	36,8	2,24
50	23,7	1,82
45	21,9	1,64
40	19,9	1,53 ± 0,04
35	18,8	1,52
30	15,5	1,60
20	10,6	1,87
15	8,0	2,16 ± 0,03
10	5,4	3,33

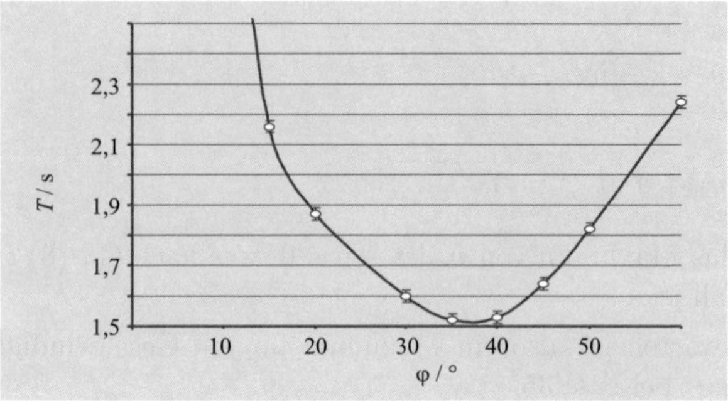

Der Graph zeigt ein deutliches Minimum der Laufzeit (Maximum der Geschwindigkeit) zwischen 34° und 38°:

(9) $\varphi_{\text{max}} = 36^\circ \pm 2^\circ$.

Als systematische Fehler geben die Reibung und das unklare Verhältnis von Translationsenergie zur Rotationsenergie der Kugel den größten Beitrag.

Gemessen wird die mittlere Geschwindigkeit auf dem 1,40 m-Weg. Der Einfluss der Reibung ist bei kleinen Geschwindigkeiten am größten (im Extrem ist $\overline{A} = 0$, $\overline{v} = 0$). Damit rutscht das Extremum zu kleineren Winkeln. In die gleiche Richtung wirkt der Effekt, dass bei kleinen Neigungswinkeln φ der Anteil der Rotationsenergie am größten ist.

2 Elektrizitätslehre

L–2.1 Autobeleuchtung

Ohne Vorschaltwiderstand gilt:

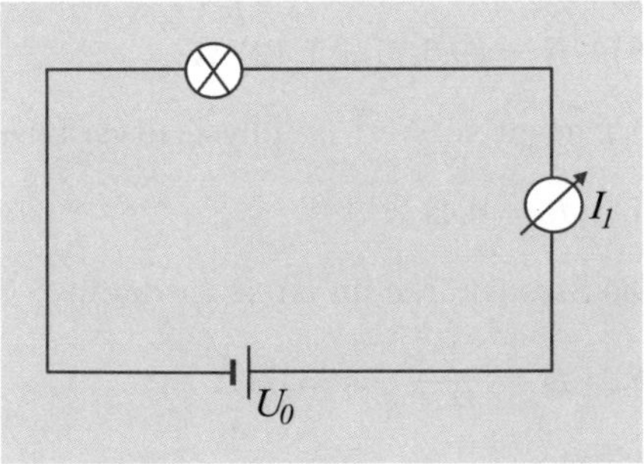

(1) $P_1 = U_0 I_1 = 12\,\mathrm{V} \cdot 4{,}15\,\mathrm{A} \approx 50\,\mathrm{W}$.

Mit Vorschaltwiderstand gilt:

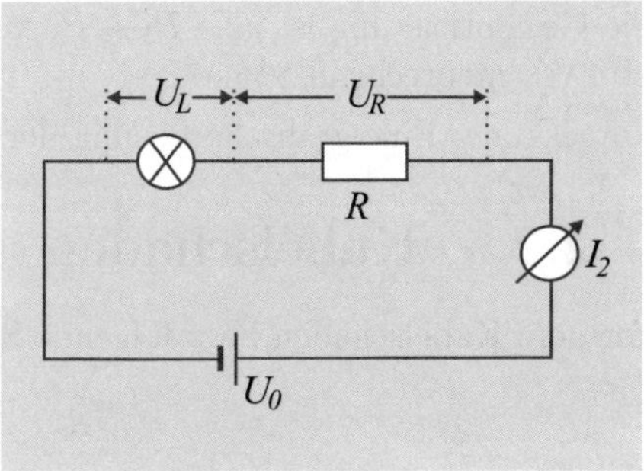

(2) $P_2 = U_L I_2 = 40\,\mathrm{W} \quad \text{und} \quad U_0 = U_L + RI_2 = \dfrac{P_2}{I_2} + RI_2$.

Im oberen Bereich ist die Kennlinie linear. Die Lampe hat dort den differentiellen Widerstand:

(3) $w = \dfrac{\Delta U}{\Delta I} = 4{,}76\,\Omega$.

Solange $U_R \ll U_L$ ist, kann man demnach schreiben:

(4) $w = \dfrac{U_0 - U_L}{I_1 - I_2} = \dfrac{RI_2}{I_1 - I_2}$.

Damit hat man zwei Gleichungen für die Unbekannten R und I_2. Auflösen von Gl. (4) nach I_2 und Einsetzen in Gl. (2) ergibt eine quadratische

Gleichung für R:

$$(5)\quad R^2 + \left(2w + \frac{w^2 I_I^2}{P_2} - \frac{U_0 w I_1}{P_2}\right) R + w^2 - \frac{U_0 w^2 I_1}{P_2} = 0\ .$$

Einsetzen der bekannten Werte und Auflösen von Gl. (5) ergibt:

$$(6)\quad R = (-6{,}71 \pm 7{,}12)\ \Omega\ .$$

Der negative Wert ist physikalisch unsinnig. Es gilt also:

$$(7)\quad R = 0{,}41\,\Omega\ .$$

Die Stromstärke im Kreis ist dann:

$$(8)\quad I_2 = \frac{w I_1}{R + w} = 3{,}82\,\mathrm{A}\ .$$

Die Leistung am Widerstand R ist:

$$(9)\quad P_3 = R I_2^2 \approx 6\,\mathrm{W}\ .$$

Die Gesamtleistung ist also $P_2 + P_3 \approx 46\,\mathrm{W}$ und die Leistungsersparnis ist 4 W entsprechend 8 %.

Anmerkung: Eine grafische Lösung der Aufgabe ist ebenfalls möglich.

L–2.2 Kabelschaden

Vor dem Kabelschaden liegt folgende Schaltung vor:

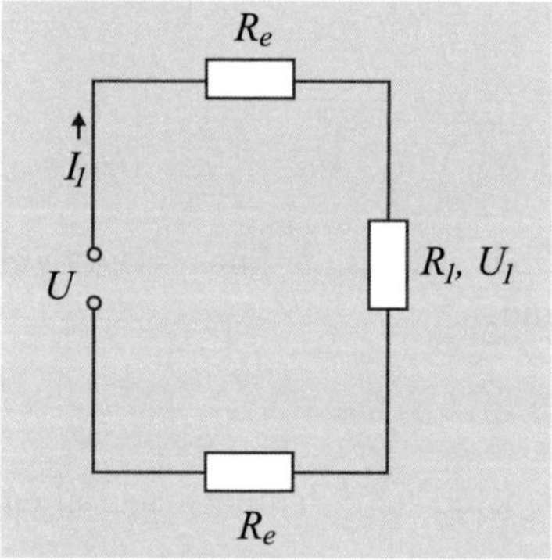

Dabei bezeichnet R_e den Widerstand des 20 km langen Kabels. Es gilt:

$$(1)\quad R_1 = \frac{U_1}{I_1}\ ,$$

(2) $2R_e + R_1 = \dfrac{U}{I_1}$.

Aus den Gln. (1) und (2) erhält man:

(3) $R_e = \dfrac{U - U_1}{2I_1}$.

Da auch nach Eintritt des Schadens eine Spannung am Lastwiderstand liegt, ist offenbar ein Nebenschluss mit Widerstand R_2 entstanden:

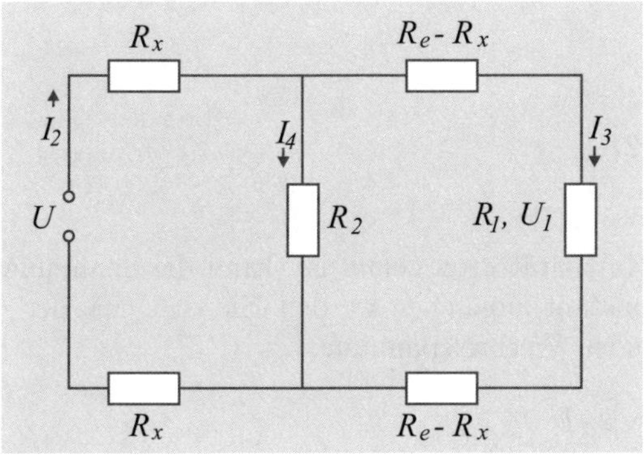

Es gilt nun:

(4) $U_2 = R_1 I_3$,

(5) $U = 2I_2 R_x + 2I_3 (R_e - R_x) + U_2$,

Eliminieren von I_3 ergibt:

$$U - U_2 - 2U_2 \frac{R_e}{R_1} = 2R_x \left(I_2 - \frac{U_2}{R_1} \right) .$$

Aus den Gln. (3), (4) und (5) folgt:

(6) $R_x = \dfrac{U(U_1 - U_2)}{2(U_1 I_2 - U_2 I_1)}$.

Damit ergibt sich die gesuchte Entfernung x zu:

(7) $x = L \dfrac{R_x}{R_e} = L \dfrac{(U_1 I_1 - U_2 I_1)U}{(U_1 I_2 - U_2 I_1)(U - U_1)} = 9{,}68\,\text{km}$.

L–2.3 Stromkreis mit Diode

– ohne Kondensator:

Wenn man den Widerstand direkt an die Spannungsquelle anschließen würde, wäre die Leistung

$$(1)\quad P = \frac{U^2}{R}\ .$$

Wenn die Diode im Stromkreis liegt, ist die Leistung nur noch halb so groß

$$(2)\quad P_1 = \frac{U^2}{2R}\ .$$

– mit Kondensator:

Wenn die Kapazität groß genug ist, kann die Spannung am Kondensator als konstant angesehen werden. Sie ist gleich der Amplitude U_0 der anliegenden Wechselspannung:

$$(3)\quad U_0 = \sqrt{2} \cdot U\ .$$

Die Leistung ist also:

$$(4)\quad P_2 = \frac{U_0^2}{R} = \frac{2U^2}{R}\ .$$

Das Verhältnis der Leistungen mit und ohne Kondensator ergibt sich damit zu:

$$(5)\quad \frac{P_2}{P_1} = 4\ .$$

L–2.4 Teilchenseparation im Kondensator

Es werden folgende Bezeichnungen verwendet: die Länge l des Kondensators, die Breite b des Kondensators (Plattenabstand), die Spannung U zwischen den Platten, die Fallzeit t der Teilchen im Kondensator und die Entfernung x von der Kondensatormitte in Richtung der negativen Platte.

Es wird angenommen, dass sich die Trennwand direkt in der Mitte unter dem Kondensator und die Schüttelrutsche direkt über dem Kondensator befindet.

Die Bewegung der Phosphatteilchen ist eine Überlagerung des horizontalen Wurfs mit der Anfangsgeschwindigkeit v und der Horizontalbewegung im elektrischen Feld mit der Beschleunigung $q \cdot E$, wobei q die Ladung der Phosphatteilchen bezeichnet.

a) Nach dem Durchfallen des Kondensators gilt für die Vertikalkomponente:

(1) $l = \frac{g}{2}t^2 \, .$

und für die Horizontalkomponente

(2) $x = v \cdot t + \frac{1}{2} \cdot q \cdot E \cdot t^2 \, .$

Um eine vollständige Trennung zu erreichen, muss im ungünstigsten Fall $x = 0$ sein. Dieser tritt ein bei $v_1 = -0{,}4\,\mathrm{m/s}$ und $q_1 = 0{,}7 \cdot 10^{-5}\,\mathrm{As/kg}$. Aus Gl. (2) folgt dann:

(3) $t = -\frac{2v_1}{Eq_1} = 0{,}23\,\mathrm{s}$

und aus Gl. (1) erhält man:

(4) $l = 0{,}26\,\mathrm{m} \, .$

Die Phosphatteilchen kommen der negativen Platte am nächsten für $v_2 = 0{,}4\,\mathrm{m/s}$ und $q_2 = 1{,}3 \cdot 10^{-5}\,\mathrm{As/kg}$. Damit sie die Platte nicht treffen, muss b größer als $2x$ sein. Für den Grenzfall folgt dann aus Gl. (2):

(5) $b = -\frac{4v_1}{Eq_1}\left(v_2 - v_1\frac{q_2}{q_1}\right) = 0{,}52\,\mathrm{m} \, .$

Die Kondensatorspannung ist in diesem Fall dann:

(6) $U = bE = 261\,\mathrm{kV} \, .$

b) Im folgenden Grafen sind die Bahnen für Phosphatteilchen mit Anfangsgeschwindigkeiten $v_1 = -0{,}4\,\mathrm{m/s}$, $v_2 = 0{,}4\,\mathrm{m/s}$ und $v = 0\,\mathrm{m/s}$ sowie spezifischen Ladungen $q_1 = 0{,}7 \cdot 10^{-5}\,\mathrm{As/kg}$ bzw. $q_2 = 1{,}3 \cdot 10^{-5}\,\mathrm{As/kg}$ dargestellt.

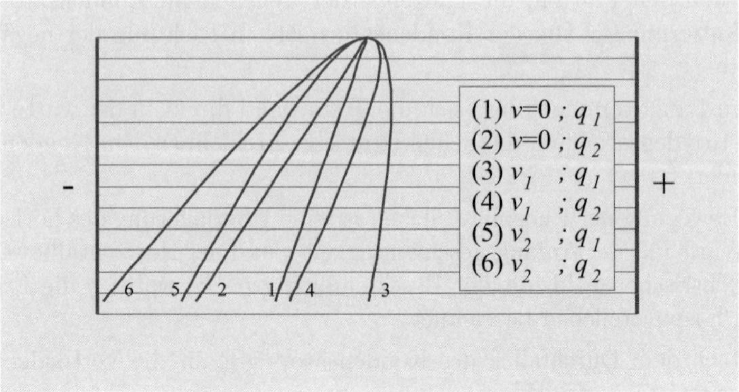

Die Kurven für Quarzteilchen sind symmetrisch dazu.

L–2.5 Widerstandsthermometer

Bei der Umgebungstemperatur T habe der Platindraht den Widerstand R_0.Wenn ein Strom I durch den Draht fließt, wird nach dem Joule'schen Gesetz die Wärmeleistung R_0I^2 frei. Die Temperatur des Drahtes steigt an bis auf den Wert $T + \Delta T$, bei dem der Wärmeübergang vom Draht an die Umgebung gerade gleich der im Draht erzeugten Wärme ist. Die Temperaturdifferenz ΔT ist der Wärmeleistung R_0I^2 proportional.

Bei einem Widerstandsthermometer ist der gemessene Widerstand der Temperaturdifferenz zur Referenztemperatur proportional. Wenn wir die Umgebungstemperatur als Referenztemperatur wählen, gilt also

$$(1) \quad R = \frac{U}{I} = R_0\,(1 + \alpha\Delta T)\ .$$

bzw. da $\Delta T \sim I^2$ ist, gilt:

$$(2) \quad \frac{U}{I} = R_0(1 + aI^2) = R_0 + bI^2\ ,$$

wobei a und b Konstanten sind.

Bei den gegebenen Messwerten ist U/I nicht konstant, sondern steigt mit wachsendem I etwas an. Die Selbsterwärmung des Thermometers spielt also eine Rolle. Wenn man U/I gegen I^2 aufträgt, erhält man eine

Gerade. Die gemessenen Werte erfüllen also die Gl. (2). Aus dem Graphen entnimmt man die Werte

(3) $R_0 = (1{,}1000 \pm 0{,}0002)\,\Omega$ und $b = (111 \pm 2\,)\,\dfrac{\Omega}{A^2}$.

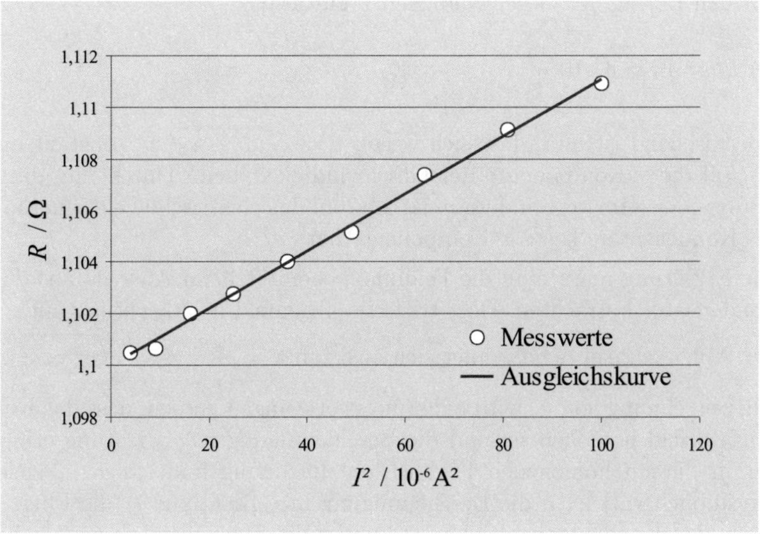

L–2.6 Elektronenstrahlen

Vernachlässigt man die Gravitation, so muss die kinetische Energie der Elektronen vor und nach Durchgang durch das Kondensatorfeld gleich sein, weil sich am energetischen Zustand des Kondensators nichts ändert. Für den Betrag der Geschwindigkeit v gilt also:

$$(1) \quad v = v_0 = 3 \cdot 10^6 \frac{\mathrm{m}}{\mathrm{s}} \; .$$

Überraschend ist nun, dass sich wegen $v = \sqrt{{v_x}^2 + {v_y}^2} =$ konstant und $v_y \neq 0$ die x-Komponente der Geschwindigkeit beim Durchgang durch den Kondensator vermindern muss, obwohl das elektrische Feld innerhalb des Kondensators keine x-Komponente hat.

Zur Erklärung muss man die Feldinhomogenität beim Austritt aus dem Kondensator betrachten. Dort tritt ein Gegenfeld in x-Richtung auf.

Der Ablenkwinkel α berechnet sich aus: $\tan\alpha = \dfrac{v_y}{v_x} = v_y \Big/ \sqrt{v_0^2 - v_y^2}$.

Zur Berechnung von v_y wird näherungsweise angenommen, dass das Kondensatorfeld homogen sei und die Beschleunigung in y-Richtung erfolge nur in diesem homogenen Feld. (Diese Rechnung findet sich in vielen Physikbüchern.) Ist a die Beschleunigung in y-Richtung, t_k die Flugzeit durch den Kondensator der Länge l und e die Elementarladung, so gilt:

$$(2) \quad v_y = a \cdot t_k \; ,$$

wobei:

$$(3) \quad a = \frac{F}{m} = \frac{e \cdot E}{m} = \frac{e \cdot U}{m \cdot d} = 4{,}4 \cdot 10^{12} \, \frac{\mathrm{m}}{\mathrm{s}^2} \; ,$$

$$(4) \quad t_k = \frac{l}{v_0} = \frac{5}{3} \cdot 10^{-7} \, \mathrm{s} \; .$$

Also gilt nach Gl. (2) und $\tan\alpha = \frac{v_y}{v_x}$:

$$(5) \quad v_y = a \cdot t_k = 0{,}73 \cdot 10^6 \, \frac{\mathrm{m}}{\mathrm{s}} \quad \text{und} \quad \alpha = 14{,}1^\circ \; .$$

Die x-Komponente beträgt:

$$(6) \quad v_x = \sqrt{v_0^2 - v_y^2} = 2{,}91 \cdot 10^6 \, \frac{\mathrm{m}}{\mathrm{s}} \; .$$

L–2.7 Schaltung aus drei Batterien

Es ist von vornherein klar, dass nur solche Schaltungen betrachtet werden müssen, bei denen alle drei Batterien gleiche Polung aufweisen. Dies sind die folgenden vier:

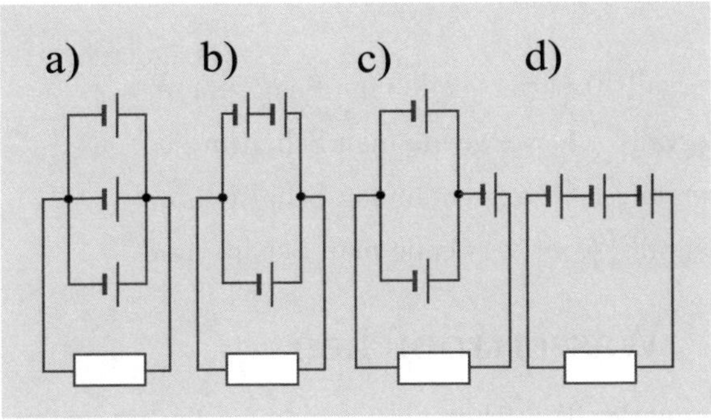

Für die Parallelschaltung a), die Serienschaltung d) und die Kombination von Parallel- und Serienschaltung c) kann man den Ersatzwiderstand R_i der Batteriekombination sofort hinschreiben, indem man die Kirchhoff'schen Gesetze verwendet. Die Stromstärke im Lastwiderstand erhält man dann mit dem Ohm'schen Gesetz $I = U/(R + R_i)$, wobei U die Spannung der Batterienkombination ist.

Nennt man die Urspannung einer Batterie U_0, so erhält man für:

Schaltung a: $R_i = \frac{r}{3}$; $U = U_0$; $I_\mathrm{a} = \frac{U_0}{r} \cdot \frac{1}{R/r + 1/3}$,

Schaltung d: $R_i = 3r$; $U = 3U_0$; $I_\mathrm{d} = \frac{U_0}{r} \cdot \frac{1}{R/(3r) + 1}$,

Schaltung c: $R_i = \frac{r}{2} + r = \frac{3}{2}r$; $U = 2U_0$; $I_\mathrm{c} = \frac{U_0}{r} \cdot \frac{1}{R/(2r) + 3/4}$.

Im Fall b) verwendet man am einfachsten die Maschenregel, die natürlich in den anderen Fällen auch zum Ziel führt. Der Strom durch die einzelne Batterie sei I. Dann fließt durch die beiden hintereinander geschalteten der Strom $I_b - I$. Es gilt somit:

$$(1) \quad I\,r + I_b\,R = U_0 \quad \text{und} \quad 2 \cdot (I_b - I)\,r + I_b \cdot R = 2 \cdot U_0 \,.$$

Durch Eliminieren von I aus den Gln. (1) erhält man für Schaltung b:

$$(2) \quad \text{Schaltung b: } I_b = \frac{U_0}{r} \cdot \frac{1}{\frac{3R}{4r} + \frac{1}{2}} \,.$$

Welcher der Ströme I_a,I_d,I_c und I_d am größten ist, hängt offensichtlich vom Verhältnis R/r ab. Man sieht sofort, dass z.B. für $R/r \geq 1$ gilt: $I_d \geq I_a$ und $I_c \geq I_b$. Außerdem sieht man, dass für große Werte von R/r der Wert I_d am größten wird und für kleine R/r der Wert I_a. Damit ist die Reihenfolge festgelegt und die Übergangswerte von R/r können durch Gleichsetzen bestimmt werden.

Ergebnisse:

- Im $\frac{R}{r}$-Intervall $\left[0,\frac{2}{3}\right]$ verwende man Schaltung a,
- im $\frac{R}{r}$-Intervall $\left[\frac{2}{3},1\right]$ verwende man Schaltung b,
- im $\frac{R}{r}$-Intervall $\left[1,\frac{3}{2}\right]$ verwende man Schaltung c,
- im $\frac{R}{r}$-Intervall $\left[\frac{3}{2},\infty\right]$ verwende man Schaltung d.

L–2.8 Wassertröpfchen

Bei der Teilung der Tröpfchen nimmt die Oberflächenenergie zu und die elektrostatische Energie ab. Ist die Zunahme der Oberflächenenergie geringer als die Abnahme der elektrostatischen Energie, können die Tröpfchen sich teilen. Laut Aufgabenstellung soll der Fall gleicher Teilungsprodukte untersucht werden.

a) Zur Oberflächenenergie:

Es sei R der Radius des Tröpfchens vor der Teilung. Dann ist der Radius $\tilde{R}$ nach der Teilung aufgrund der Erhaltung der Masse gegeben durch:

(1) $$\tilde{R} = \frac{1}{\sqrt[3]{2}} \cdot R \, .$$

Die zur Vergrößerung der Oberfläche nötige Energie ist:

(2) $$\Delta W_0 = 2 \cdot 4\pi \tilde{R}^2 \sigma - 4\pi R^2 \sigma = \left(\sqrt[3]{2} - 1\right) \cdot 4\pi R^2 \sigma \, .$$

b) Zur elektrostatischen Energie:

Die Ladung verteilt sich gleichmäßig auf der Tröpfchenoberfläche und dort herrscht das Potenzial

(3) $$\varphi = \frac{1}{4\pi\varepsilon_0} \cdot \frac{Q}{R} \, .$$

Die elektrische Energie, d.h. die Energie zur Überführung der Ladung Q aus dem Unendlichen auf das Tröpfchen, ist:

(4) $$W_1 = \frac{1}{2} Q\varphi = \frac{1}{8\pi\varepsilon_0} \cdot \frac{Q^2}{R} \, .$$

Unmittelbar nach der Teilung besteht die elektrische Energie aus zwei Anteilen, Energie W_2, die notwendig ist, um die Ladung $Q/2$ auf jedes der beiden Tröpfchen zu bringen und die Energie W_3, die man braucht, um beide Tröpfchen einander bis zur Berührung anzunähern. Es gilt:

$$(5) \quad W_2 = 2 \cdot \frac{1}{2} \cdot \frac{Q}{2} \varphi' = \frac{Q^2}{16\pi\varepsilon_0 \tilde{R}} \, .$$

Die Energie W_3 ist gleich der Energie zweier Punktladungen im Abstand $2\tilde{R}$:

$$(6) \quad W_3 = \frac{\frac{1}{2}Q \cdot \frac{1}{2}Q}{4\pi\varepsilon_0 2\tilde{R}} = \frac{Q^2}{32\pi\varepsilon_0 \tilde{R}} \, .$$

Damit erhält man als Energie beider Tröpfchen mit Gl. (1):

$$(7) \quad W_2 + W_3 = \frac{3\sqrt[3]{2} Q^2}{32\pi\varepsilon_0 R} \, .$$

Durch die Teilung wird also die elektrische Energie

$$(8) \quad \Delta W_{\mathrm{E}} = W_1 - (W_2 + W_3) = \left(1 - \frac{3}{4}\sqrt[3]{2}\right) \cdot \frac{Q^2}{8\pi\varepsilon_0 R}$$

gewonnen.

Das Tröpfchen spaltet sich nicht auf, solange gilt:

$$(9) \quad \Delta W_E < \Delta W_0 \, .$$

Es muss also gelten:

$$(10) \quad Q \leq \sqrt{151\pi^2\varepsilon_0\sigma R^3} \approx 1 \cdot 10^{-12} \mathrm{A\,s} \, .$$

Wenn man das Tröpfchen stärker als auf $1 \cdot 10^{-12}$ A s auflädt, kann es sich teilen.

Dieses Ergebnis ist nur eine Abschätzung. Für ein genaueres Resultat müsste der Vorgang der Teilung analysiert werden.

L–2.9 Plattenkondensator

Die Kapazität des Kondensators ist umgekehrt proportional zum Plattenabstand. Am Ende des Vorgangs ist seine Kapazität also:

$$(1) \quad C_E = \frac{C}{2} \; .$$

a) Die Ladung des Kondensators bleibt konstant.

Wenn die Kapazität sich ändert, ändert sich auch die Spannung zwischen den Platten. Mit Gl. (1) erhält man

$$(2) \quad U_E = 2U \; .$$

Die Energie des Kondensators am Ende ist:

$$(3) \quad \frac{1}{2} C_E \cdot {U_E}^2 = CU^2$$

Seine Energie hat um $\frac{1}{2}CU^2 = 36{,}75\,\mu\text{J}$ zugenommen, was als Arbeit aufgewendet werden muss.

b) Die Spannung U am Kondensator bleibt konstant.

Die Energie des Kondensators ist anfangs $\frac{1}{2}C^2U$ und am Ende

$$(4) \quad \frac{1}{2} C_E U^2 = \frac{1}{4} CU^2 \; .$$

Seine Energie hat also um $\frac{1}{4}CU^2$ abgenommen.

Die Ladung des Kondensators nimmt ab, und zwar von CU auf $C_E U = \frac{1}{2}CU$. Eine Ladung $\frac{1}{2}CU$ muss an die Batterie abgegeben worden sein, deren Energie entsprechend wächst.

Die Energie des Systems aus Batterie und Kondensator hat zugenommen, und zwar um:

$$(5) \quad \Delta E = \frac{1}{2}CU^2 - \frac{1}{4}CU^2 = \frac{1}{4}CU^2 = 18{,}38\,\mu\text{J} \; .$$

Diese Energie muss als Arbeit aufgewendet werden.

L–2.10 Starten eines Oldtimers

a) Die Schaltung sieht folgendermaßen aus:

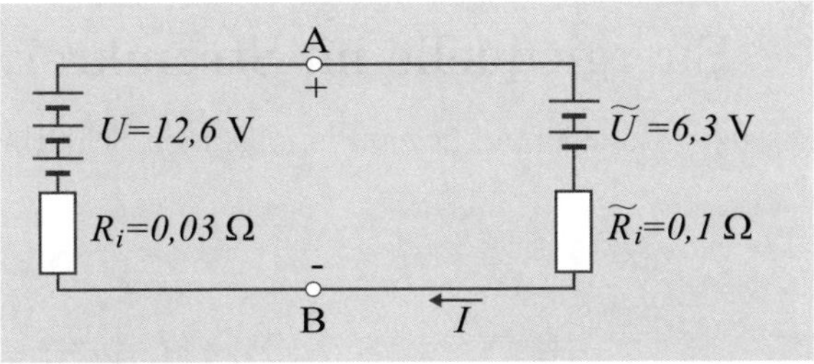

Da beide Batterien unterschiedliche Spannungen haben, fließt in dem Kreis ein Strom I und zwar durch die 6-V-Batterie in umgekehrter Richtung von + nach −, wodurch sie aufgeladen wird. Es gilt:

$$(1) \quad U - \tilde{U} = I\left(R_i + \tilde{R}_i\right)$$

$$(2) \quad I = \frac{U - \tilde{U}}{R_i + \tilde{R}_i} = \frac{6{,}3\,\mathrm{V}}{0{,}13\,\Omega} = 48{,}5\,\mathrm{A}\ .$$

Dies reicht aus, um in einer halben Stunde die 12 V-Batterie so weit zu entladen, dass kein Start mehr möglich ist. Das sich die Innenwiderstände während des Lade- bzw. Entladevorgangs verändern, führt zu einem etwas geringeren Stromstärkemittelwert, ändert aber nichts an der Größenordnung.

b) Zwischen den Punkten A und B liegt die Spannung

$$(3) \quad U_{AB} = U - IR_i = \tilde{U} + I\tilde{R}_i = 11{,}1\,\mathrm{V}\ .$$

Zwischen diesen beiden Punkten sind auch die Scheinwerferlampen angeschlossen und da der Widerstand einer solchen Lampe beträchtlich größer ist als der Innenwiderstand einer Batterie, wird fast die gesamte Spannung U_{AB} an der Lampe anliegen. Die 6-V-Lampe wird also durchbrennen (bzw. die zugehörige Sicherung).

Eine genauere Analyse der Parallelschaltung aus der Lampe und den beiden Batterien erfordert einige Rechnerei. Das Ergebnis ist:

$$(4) \quad U_{AB} = \frac{U\tilde{R}_i + \tilde{U}R_i}{R_i + \tilde{R}_i + \frac{R_i\tilde{R}_i}{R_0}}\ .$$

Dabei ist R_0 der Lampenwiderstand. Wenn $(R_i\tilde{R}_i)/R_0 \ll (R_i + \tilde{R}_i)$ ist, erhält man das obige Ergebnis. Für einen typischen Lampenwiderstand von $R_0 = 0{,}2\,\Omega$ erhält man $U_{AB} = 10\,\text{V}$.

L–2.11 Energiequelle im Stromkreis

Im Anfangs- bzw. Endzustand liegen die folgenden Schaltbilder vor:

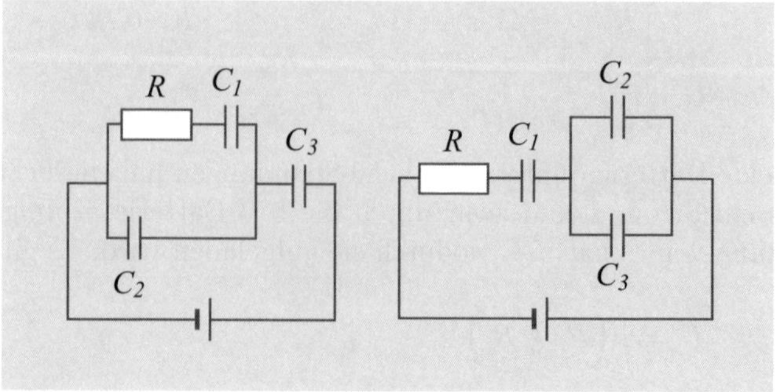

Nach dem Ende des Entlade- bzw. Ladevorgangs fällt am Widerstand keine Spannung mehr ab. Er ist also für die folgenden Überlegungen bedeutungslos. Es seien U_1 bis U_3 und $\tilde{U}_1$ bis $\tilde{U}_3$ die Spannungen an den Kondensatoren in den beiden Zuständen. (Im Folgenden trennt ein Strich die Gleichungen zu den beiden Zuständen).

Für die Ladungen der Kondensatoren erhält man dann:

(1) $Q_1 = Q_2 = CU_1 = CU_2$, | $\tilde{Q}_1 = C\tilde{U}_1$,

(2) $Q_3 = CU_3$, | $\tilde{Q}_2 = \tilde{Q}_3 = C\tilde{U}_2 = C\tilde{U}_3$.

Wegen der Ladungserhaltung gilt:

(3) $Q_1 + Q_2 = Q_3$, | $\tilde{Q}_1 = \tilde{Q}_2 + \tilde{Q}_3$.

Daraus folgt:

(4) $U_3 = 2U_1 = 2U_2$, | $\tilde{U}_1 = 2\tilde{U}_2 = 2\tilde{U}_3$.

Da die Spannungen sich im Kreis aufheben, gilt:

(5) $U_1 + U_3 = U$, | $\tilde{U}_1 + \tilde{U}_2 = U$,

(6) $U_1 = U_2 = \frac{1}{3}U$, | $\tilde{U}_1 = \frac{2}{3}U$,

(7) $U_3 = \frac{2}{3}U$, | $\tilde{U}_2 = \tilde{U}_3 = \frac{1}{3}U$.

Für die Ladungen auf den Kondensatoren gilt demnach:

(8) $Q_1 = Q_2 = \frac{1}{3}CU$, | $\tilde{Q}_1 = \frac{2}{3}CU$,

(9) $Q_3 = \frac{2}{3}CU$, | $\tilde{Q}_2 = \tilde{Q}_3 = \frac{1}{3}CU$.

Die Ladung auf C_2 bleibt also unverändert und von C_3 muss die Ladung $\Delta Q = CU/3$ nach C_1 transportiert werden. Dazu muss die Batterie Arbeit liefern:

(10) $W = \Delta Q \cdot U = \frac{1}{3}CU^2$.

Diese Energie wird im Widerstand in Wärme umgewandelt, denn während die Ladung ΔQ durch die Batterie transportiert wird, fließt eine gleich große Ladung über den Widerstand.

L–2.12 Schaltung aus vier Batterien

a) Lösungsweg 1:

Wenn der Innenwiderstand des Voltmeters groß ist, kann man den Strom durch das Voltmeter vernachlässigen. Die vier Batterien sind dann in einem geschlossenen Stromkreis hintereinander geschaltet. Darin fließt ein Strom der Stärke:

(1) $I = \frac{4U}{4r} = \frac{U}{r}$.

Für einen Stromkreis aus Spannungsquelle (Spannung U_0, Innenwiderstand r_i) und Verbraucher R gilt

(2) $U_0 = I\,(R + r_i)$.

Die am Verbraucher gemessene Spannung U ist also

(3) $U = IR = U_0 - Ir_i$.

Betrachtet man die drei oberen Batterien in dem gegebenen Kreis als Spannungsquelle und die untere als Verbraucher, dann ist $U_0 = 3U$ und $r_i = 3r$. Mit Gl. (1) erhält man aus Gl. (3):

(4) $U = 3U - \frac{U}{r}3r = 0$.

Das entsprechende Ergebnis erhält man, wenn man die oberen Batterien als Verbraucher und die untere als Quelle betrachtet, d.h. $U_0 = U$ und $r_i = r$. Das Voltmeter zeigt also keine Spannung an. Auf seinen Innenwiderstand kommt es demnach nicht an.

b) Lösungsweg 2:

Das Ersatzschaltbild einer Batterie besteht aus einer idealen Spannungsquelle U in Reihe mit einem Widerstand r. Rechts ist das Ersatzschaltbild des gegebenen Stromkreises abgebildet.

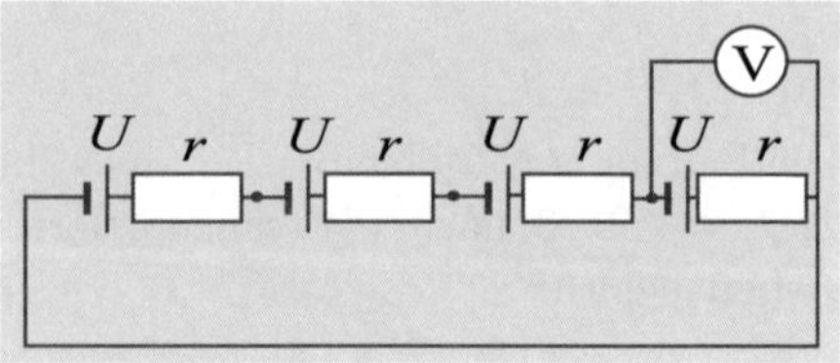

Äquivalent ist die folgende Schaltung:

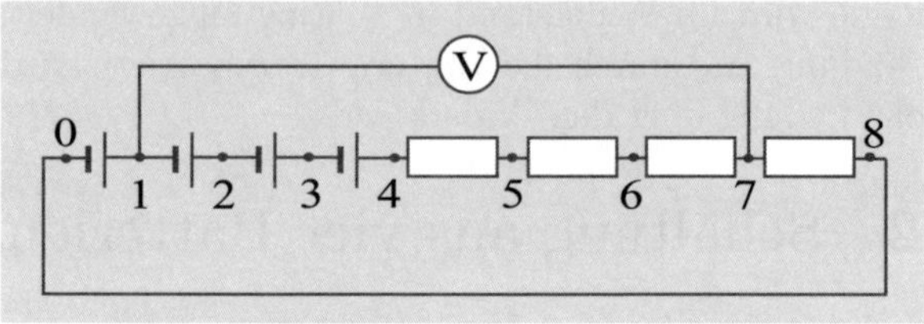

Den Potenzialverlauf in diesem Kreis aus idealen Bauelementen kann man unmittelbar übersehen.

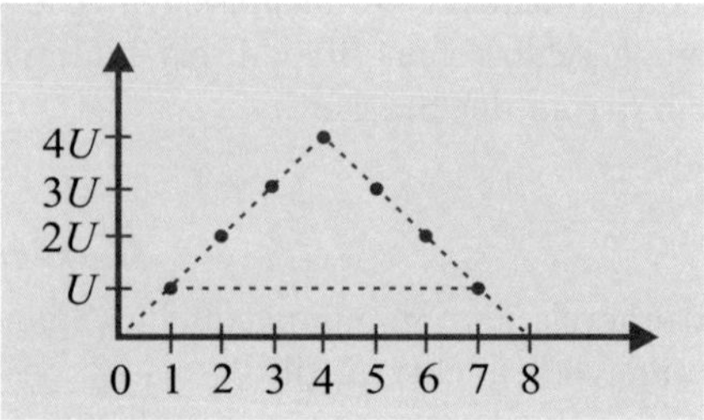

Die Punkte 1 und 7 haben also dasselbe Potenzial, d.h., das Voltmeter zeigt keine Spannung an.

Die zu analysierende Schaltung lässt sich leicht experimentell realisieren, z.B. mit 4,5 V-Flachbatterien, deren Pole mit Büroklammern miteinander verbunden werden. Die über einer Batterie gemessene Spannung liegt typischerweise bei 0,1 V oder 0,2 V. Die Batterien erwärmen sich bei der schnellen Entladung deutlich.

L–2.13 Drahtkonstruktion

Der gerade Draht legt in der Zeit t eine Strecke von $s = vt$ zurück. Daher ist die Kantenlänge des eingeschlossenen Dreiecks gegeben durch:

$$(1) \quad a(t) = a_0 + 2 \cdot \tan 30^\circ \cdot v \cdot t = a_0 + \frac{2}{\sqrt{3}} \cdot v \cdot t \; ,$$

wobei $a_0 = 0{,}5\,\mathrm{m}$ die Kantenlänge zum Zeitpunkt $t = 0\,\mathrm{s}$ ist.

Durch die Bewegung des Drahtes im Magnetfeld ändert sich der magnetische Fluss durch die aus beiden Leitern gebildete Leiterschleife gemäß

$$(2) \quad \Phi\,(t) = B \cdot A\,(t) = \frac{1}{2} \cdot B \cdot a^2\,(t) \cdot \cos 30^\circ \; ,$$

wobei A die Fläche der Leiterschleife ist.

Die in der Leiterschleife induzierte Spannung U_{ind} ist gegeben durch die zeitliche Änderung des magnetischen Flusses. Es gilt mit Gl. (1):

$$(3) \quad \Phi'\,(t) = B \cdot a'\,(t) \cdot a\,(t) \cdot \cos 30^\circ = B \cdot v \cdot a\,(t) \; .$$

Der Widerstand der Leiterschleife in Abhängigkeit von der Zeit ist gegeben durch:

$$(4) \quad R\,(t) = 3r \cdot a(t) \; .$$

Nach dem Ohm'schen Gesetz beträgt daher die Stromstärke in der Leiterschleife

$$(5) \quad I = \frac{U_{ind}}{R} = \frac{B \cdot v}{3 \cdot r} \; .$$

I ist also unabhängig von der Zeit und beträgt mit den gegebenen Zahlenwerten 6,7 A.

L–2.14 Feinsicherungen

a) Der Widerstand eines Drahtes ist

$$(1) \quad R = \frac{\rho l}{A} = \frac{4\rho l}{\pi d^2} \; .$$

Bei einer Parallelschaltung zweier Drähte der Dicken d_1 und d_2 liegt an beiden die gleiche Spannung an. Jeder wird bei einer bestimmten Maximalspannung durchbrennen. In der Parallelschaltung wird also derjenige eher durchbrennen, bei dem diese Maximalspannung kleiner ist. Das Verhältnis der beiden Maximalspannungen ist:

$$(2) \quad \frac{U_1}{U_2} = \frac{R_1 I_1}{R_2 I_2} = \frac{d_2^2 I_1}{d_1^2 I_2} = 1{,}44 > 1 \; .$$

Es ist also $U_1 > U_2$ und der dickere Draht wird eher schmelzen. In diesem Augenblick gilt für die Stromstärken in beiden Drähten:

$$(3) \quad I_2 = 5\,\mathrm{A} \; ,$$

$$(4) \quad I_1 = \frac{I_2 R_2}{R_1} = \frac{I_2 {d_1}^2}{{d_2}^2} = 1{,}25\,\mathrm{A} \; .$$

Die „Sicherung“ aus beiden Drähten brennt also bei 6,25 A durch, denn unmittelbar nachdem der dickere Draht geschmolzen ist, wird auch der dünnere, durch den dann der gesamte Strom fließt, schmelzen.

b) Im zweiten Fall fließt beim Durchbrennen des dickeren Drahtes in jedem der 20 dünneren Drähte ein Strom von 1,25 A. Durch das Wegfallen des dickeren Drahtes steigt der Strom in jedem der 20 dünneren Drähte nur um 0,25 A auf 1,50 A, was weniger als der Maximalstrom von 1,8 A ist. Die „Sicherung“ wird also noch nicht durchbrennen. Dies geschieht erst, wenn in den dünneren Drähten der Maximalstrom fließt, wenn also durch den Kreis ein Strom der Stärke $I \geq 20 \cdot 1{,}8\,\mathrm{A} = 36\,\mathrm{A}$ fließt.

L–2.15 Leiterschleife

Ist R_1 der Widerstand eines Drahtes mit der Länge $\overline{\mathrm{AB}}$, aus dem die Leiterschleife gefertigt ist, und R_2 der eines Widerstands dieses Drahtes mit der Länge $\overline{\mathrm{BC}}$, so gilt für den Ersatzwiderstand R_E

– bei Messung zwischen den Punkten A und B

$$(1)\quad R_{E,\mathrm{AB}} = \left(\frac{1}{R_1} + \frac{1}{2R_2 + R_1}\right)^{-1} = \frac{R_1\,(R_1 + 2R_2)}{2\,(R_1 + R_2)}\ ,$$

– bei Messung zwischen den Punkten B und C

$$(2)\quad R_{E,\mathrm{BC}} = \left(\frac{1}{R_2} + \frac{1}{2R_1 + R_2}\right)^{-1} = \frac{R_2\,(2R_1 + R_2)}{2\,(R_1 + R_2)}\ .$$

Da der Widerstand proportional zur Länge ist, gilt mit Gl. (1) und Gl. (2) sowie l_1 Länge $\overline{\mathrm{AB}}$ und l_2 Länge $\overline{\mathrm{BC}}$ und dem gesuchten Verhältnis $V = l_2/l_1$

$$(3)\quad \frac{R_{E,\mathrm{BC}}}{R_{E,\mathrm{AB}}} = 1{,}6 = \frac{R_2\,(2R_1 + R_2)}{R_1\,(R_1 + 2R_2)} = \frac{l_2\,(2l_1 + l_2)}{l_1\,(l_1 + 2l_2)} = V\frac{(2 + V)}{(1 + 2V)}\ .$$

Umformung von Gl. (3) führt auf:

$$(4)\quad V^2 - 1{,}2V - 1{,}6 = 0\ .$$

Die einzig physikalisch sinnvolle Lösung von Gl. (4) ist

$$(5)\quad V = 2\ .$$

L–2.16 Stromkreis

Der unbekannte Widerstand sei $\tilde{R}$, r sei der Innenwiderstand der Batterie, R bezeichne den $9\,\Omega$-Widerstand und U die Spannung der Batterie.

Für die Leistung im einfachen Stromkreis (Batterie, 9-Ω-Widerstand) gilt:

$$(1)\quad P_1 = \frac{U^2 R}{(R+r)^2}\ .$$

Mit dem parallel geschalteten, unbekannten Widerstand gilt für den Ersatzwiderstand der Parallelschaltung:

$$(2)\quad R_E = \frac{R\cdot\tilde{R}}{R+\tilde{R}}$$

und für die Leistung:

$$(3)\quad P_2 = \frac{U^2 R_E}{(R_E+r)^2}\ .$$

Da nach Voraussetzung $P_1 = P_2$ folgt aus Gl. (1) und Gl. (3):

$$(4)\quad \frac{R}{(R+r)^2} = \frac{R_E}{(R_E+r)^2} = \frac{R\cdot\tilde{R}}{(R+\tilde{R})\cdot\left(\frac{R\cdot\tilde{R}}{R+\tilde{R}}+r\right)^2}\ .$$

Durch Umformung erhält man:

$$(5)\quad \tilde{R} = \frac{R\cdot r^2}{R^2-r^2} = 0{,}1125\,\Omega\ .$$

L–2.17 Funkengenerator

Damit der Funkengenerator stabil läuft, darf die Entladung des Kondensators durch die Funkenerzeugung seine Aufladung nicht beeinflussen. Dies ist gewährleistet, wenn die Entladungszeit sehr viel kleiner ist als die Aufladungszeit des Kondensators.

Die von der Spannungsquelle geleistete Arbeit, bis der Kondensator auf eine Spannung U_F geladen ist, beträgt:

$$(1) \quad W = q \cdot U = C \cdot U_F \cdot U \; .$$

Nach dem Energieerhaltungssatz gilt:

$$(2) \quad W = Q_R + \frac{1}{2} C U_F^2 \; ,$$

wobei Q_R die vom Widerstand R während des Aufladens des Kondensators abgegebene Energie ist.

Also gilt nach den Gln. (1) und (2):

$$(3) \quad Q_R = C U_F U \left(1 - \frac{U_F}{2U}\right) \; .$$

Da die Dauer der Entladung des Kondensators klein gegenüber der Aufladungszeit des Kondensators ist, kann man die in dieser Zeitspanne vom Widerstand abgegebene Energie vernachlässigen.

Nach Voraussetzung erzeugt der Funkengenerator n Funken pro Sekunde. Daher gilt für die vom Widerstand abgegebene Leistung:

$$(4) \quad P = n C U_F U \left(1 - \frac{U_F}{2U}\right) \; .$$

L–2.18 Beleuchtungssystem

- Fall 1: Glühbirnen sind parallel geschaltet. Der Gesamtwiderstand ist dann

  $$(1) \quad R_{\text{Ges}} = \frac{2}{3} R\,.$$

  Also fließt ein elektrischer Strom der Stärke $I = 3U/2R$, wobei U die anliegende Spannung ist.

  Für die Stromstärken durch die beiden Glühbirnen gilt:

  $$(2) \quad I_R = \frac{U}{R} \qquad \text{und} \qquad I_{2R} = \frac{U}{2R}\,.$$

  Die umgewandelte elektrische Leistung ist:

  $$(3) \quad P_R = \frac{U^2}{R} \qquad \text{und} \qquad P_{2\text{R}} = \frac{U^2}{2R}\,.$$

  Die umgewandelte elektrische Leistung ist also

  $$(4) \quad P_{\text{gesamt}} = \frac{3}{2}\frac{U^2}{R}\,.$$

- Fall 2: Glühbirnen sind in Reihe geschaltet. Dann gilt:

  $$(5) \quad R_{\text{gesamt}} = 3R\,,$$

  $$(6) \quad I_R = I_{2R} = I = \frac{U}{3R}\,,$$

  $$(7) \quad P_R = \frac{U^2}{9R} \qquad \text{und} \qquad P_{2R} = \frac{2U^2}{9R}\,.$$

  Die umgewandelte elektrische Leistung ist also

  $$(8) \quad P_{\text{gesamt}} = \frac{U^2}{3R}\,.$$

Die beiden Angestellten geraten demnach nicht in Streit. Option 1 und Option 2 sind gleichzeitig mit einer Parallelschaltung vereinbar.

L–2.19 Lampe im Stromkreis

Da die Lampe in beiden Schalterstellungen gleich hell leuchtet, bedeutet dies, dass die Spannung U_L zwischen den Lampenanschlüssen und der Widerstand R_L der Lampe in beiden Schalterstellungen gleich groß sind. Im Folgenden sei $R = 90\,\Omega$.

– Fall 1: Schalter S offen. Ersatzschaltbild

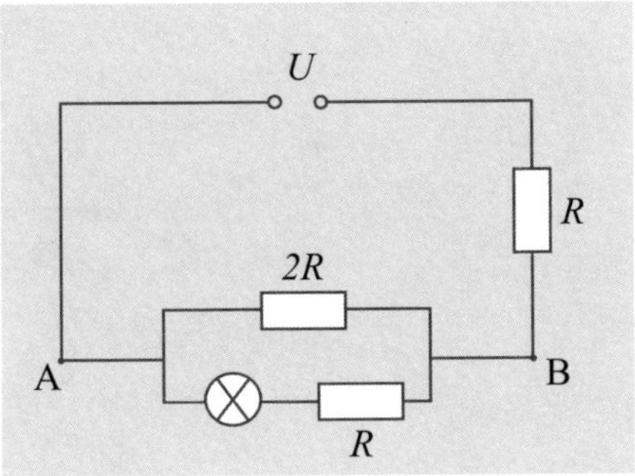

Für den Ersatzwiderstand zwischen den Punkten A und B der Schaltung gilt:

$$(1) \quad R_{AB} = \frac{2R(R_L + R)}{R_L + 3R} \ .$$

Für die Spannung U_L gilt mit Gl. (1):

$$(2) \quad U_L = \frac{U_{AB} \cdot R_L}{(R_L + R)} = \frac{36 \cdot R_L}{R_L + 150\,\Omega} \mathrm{V} \ .$$

– Fall 2: Schalter S geschlossen. Ersatzschaltbild:

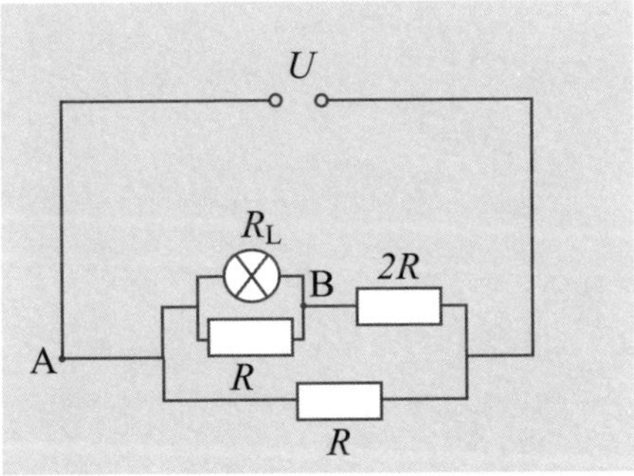

Für den Ersatzwiderstand zwischen A und B gilt:

$$(3) \quad R_{AB} = \frac{R_L \cdot R}{R_L + R} \ .$$

Für die Spannung U_{L} gilt mit Gl. (3) daher:

$$(4) \quad U_{\mathrm{L}} = \frac{U \cdot R_{\mathrm{AB}}}{R_{\mathrm{AB}} + 2R} = \frac{18 R_{\mathrm{L}}}{R_{\mathrm{L}} + 60\,\Omega}\,\mathrm{V}\ .$$

Aus Gln. (3) und (4) folgt:

$$(5) \quad R_{\mathrm{L}} = 30\,\Omega \qquad \text{und} \qquad U_{\mathrm{L}} = 6\,V\ .$$

3 Wärmelehre

L–3.1 Wärmekraftmaschinen

Betrachtung der einzelnen Prozesse für eine Maschine:

$1 \to 2$: isotherme Ausdehnung von V_1 auf V_2

Dabei wird Arbeit geleistet:

$$(1) \quad W_{12} = \int_1^2 p \, \mathrm{d}V \ .$$

Ein äquivalenter Wärmebetrag wird aus dem Wärmereservoir T_1 entnommen. Da der Vorgang isotherm ist, ist $\Delta U = 0$; also gilt:

$$(2) \quad W_{12} = Q_{12} \ .$$

$3 \to 4$: isotherme Kompression von V_3 auf V_4

Dabei wird Arbeit an der Maschine verrichtet:

$$(3) \quad W_{34} = \int_3^4 p \, \mathrm{d}V \ .$$

Diese Arbeit wird in Form von Wärme an den Kühler T_2 abgegeben.

$2 \to 3$: isochore Abkühlung von T_1 auf T_2

Es wird Wärme abgeführt. Die Maschine arbeitet solange als Kältemaschine, bis die niedrigere Temperatur T_2 erreicht ist. Wegen $W = 0$ ist $Q_{23} = \Delta U_{23}$. Die Abnahme der inneren Energie ist

$$(4) \quad \Delta U_{23} = mc_v \, (T_2 - T_1) \ .$$

$4 \to 1$: isochore Erwärmung von T_1 auf T_2

Es wird Wärme aufgenommen. Die Maschine arbeitet als Wärmemaschine, bis T_1 erreicht ist. Die Zunahme der inneren Energie ist

$$(5) \quad \Delta U_{41} = mc_v(T_1 - T_2) \ .$$

Bei den isochoren Prozessen dient jede Maschine als Wärmespeicher für die andere. Da $\Delta U_{23} = -\Delta U_{41}$ ist, nimmt die eine Maschine so viel Wärme auf, wie die andere abgibt. Die beiden Speicher T_1 und T_2 werden nicht benötigt.

Arbeit wird nur bei den isothermen Prozessen verrichtet. Es gilt:

(6) $W = W_{12} + W_{34}$.

Mit $pV = nRT$ erhält man:

(7) $W_{12} = \int_1^2 p\,\mathrm{d}V = nRT_1 \int_{V_1}^{V_2} \frac{\mathrm{d}V}{V}$,

(8) $W_{34} = \int_3^4 p\,\mathrm{d}V = -nRT_2 \int_{V_1}^{V_2} \frac{\mathrm{d}V}{V}$.

Da $V_1 < V_2$ ist, ist W_{34} negativ. Mit Gl. (6) folgt:

(9) $W = nR\,(T_1 - T_2) \int_{V_1}^{V_2} \frac{\mathrm{d}V}{V}$.

Die aus dem Reservoir T_1 entnommene Wärme berechnet sich zu:

(10) $Q_{12} = W_{12} = nRT_1 \int_{V_1}^{V_2} \frac{\mathrm{d}V}{V}$.

Der Wirkungsgrad ist definiert als Quotient aus der gelieferten Arbeit und der aus dem Wärmereservoir entnommenen Wärme:

(11) $\eta = \frac{W}{Q_{12}} = \frac{T_1 - T_2}{T_1}$.

L–3.2 Quecksilber im Glasrohr

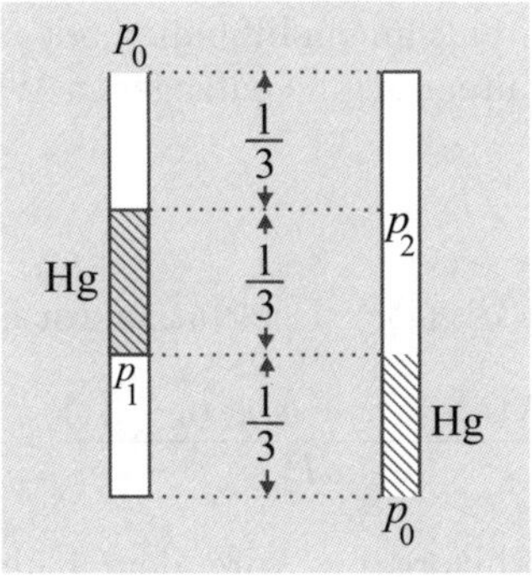

Anfangs gilt:

(1) $p_1 = p_0 + \frac{l}{3}\rho g$.

Nach dem Umkehren des Glasrohres gilt:

(2) $p_2 + \frac{l}{3}\rho g = p_0$.

Das Boyle-Mariotte'sche Gesetz liefert für die eingeschlossene Gasmenge:

(3) $p_1 \cdot \frac{l}{3} = p_2 \cdot \frac{2l}{3}$ bzw. $p_1 = 2p_2$.

Eliminiert man p_1 und p_2 aus den Gln. (1) bis (3), so ergibt sich:

(4) $p_0 = l\rho g$.

Der Luftdruck kann also gerade einer Quecksilbersäule der Länge l das Gleichgewicht halten. Würde man das Glasrohr als Barometer verwenden, so würde das Quecksilber die gesamte Rohrlänge ausfüllen. Ein solches „Barometer“ könnte nur Luftdrücke kleiner als p_0 anzeigen.

L–3.3 Kühlschrank

a) Im Dauerbetrieb bei konstanter Innentemperatur T_1 ist die von außen in den Kühlschrank hineindiffundierende Wärme gleich der dem Kühlgut von der Kältemaschine entzogenen Wärme:

$$(1) \quad \frac{Q_1}{t} = \lambda \frac{A}{d} (T_0 - T_1) \ ,$$

wobei $A = 2 \cdot (ab + ac + bc)$. Der Nutzfaktor ist also:

$$(2) \quad N = \frac{Q_1}{tP} = \frac{2\lambda (ab + ac + bc) (T_0 - T_1)}{dP} = 0{,}655 \approx 66\% \ .$$

b) Während des Abkühlvorgangs wird dem Kühlschrankinneren mehr Wärme entzogen als wieder hineindiffundiert. Bei der Temperatur T_2 ist die hineindiffundierende Wärme:

$$(3) \quad \frac{Q_2}{t} = \lambda \frac{A}{d} (T_0 - T_2) \ .$$

Die dem Kühlschrankinneren entzogene Wärme ist bei mit voller Leistung laufender Kältemaschine mit der durch Gl. (1) angegebenen identisch. Die Differenz der beiden Wärmeleistungen ist

$$(4) \quad \frac{dQ}{dt} = \frac{Q_1}{t} - \frac{Q_2}{t} = \lambda \frac{A}{d} (T_2 - T_1) \ .$$

Sie wird zur Abkühlung des Kühlschrankinhalts verwendet. Die Wärmekapazität des Kühlschrankinhalts ist gegeben durch:

$$(5) \quad \frac{dQ}{dT} = \frac{\frac{dQ}{dt}}{\frac{dT}{dt}} = \frac{\lambda A (T_2 - T_1)}{d \frac{dT}{dt}} \approx 45.000 \, \frac{\mathrm{J}}{\mathrm{K}}$$

L–3.4 Skifahrer

Die Gewichtskomponente in Richtung der schiefen Ebene ist

(1) $F = mg \sin \alpha$.

Da der Skifahrer konstante Geschwindigkeit hat, sind diese Gewichtskomponente und die Reibungskraft gleich groß. Die Reibungsarbeit in der Zeit t ist also:

(2) $A = mgvt \sin \alpha$.

Sie soll vollständig in Wärme zum Schmelzen des Schnees verwandelt werden. Es schmilzt also die Schneemasse:

(3) $$M = \frac{A}{q_s} = \frac{mgvt \sin \alpha}{q_s} = 1038\,\mathrm{g} \approx 1\,\mathrm{kg} .$$

L–3.5 Bügeleisen

Es sei P die Nennleistung des Bügeleisens. Während der Zeit t_1 wird für diese Einstellung am Bügeleisen die Energie $W_1 = Pt_1$ aufgenommen. Diese Energie wird während der Zeit $t_1 + t_2$ in Form von Wärme wieder abgegeben. Die Wärmeabgabe an die Umgebung ist der Temperaturdifferenz $(\vartheta_1 - \vartheta_0)$ proportional. Es gilt also:

(1) $W_1 = Pt_1 = \alpha\,(\vartheta_1 - \vartheta_0)\,(t_1 + t_2)$,

wobei α ein Proportionalitätsfaktor ist.
Entsprechend gilt für die Einstellung „Leinen":

(2) $W_2 = P\tilde{t}_1 = \alpha\,(\vartheta_2 - \vartheta_0)\left(\tilde{t}_1 + \tilde{t}_2\right)$.

Aus den Gln. (1) und (2) erhält man

(3) $$\vartheta_2 = \vartheta_0 + \frac{\tilde{t}_1\,(t_1 + t_2)}{t_1\left(\tilde{t}_1 + \tilde{t}_2\right)}\,(\vartheta_1 - \vartheta_0) = 180\,^\circ\mathrm{C} .$$

Entsprechend erhält man für die Temperatur ϑ_3

(4) $$\vartheta_3 = \vartheta_0 + \frac{t_1 + t_2}{t_1}\,(\vartheta_1 - \vartheta_0) = 420\,^\circ\mathrm{C} .$$

L–3.6 Temperaturunabhängige Widerstände

Der Widerstand eines Drahtstücks der Länge L bei der Temperatur ϑ ist:

$$(5)\quad R = Lr\,(1 + \alpha\vartheta)\ .$$

Auf Konstantan bezogene Größen sind im Folgenden mit dem Index K, auf Maganin bezogene mit M gekennzeichnet.

Der gesuchte Widerstand besteht aus zwei Drahtwiderständen in Serie. Für den Gesamtwiderstand gilt daher:

$$(6)\quad R = R_K + R_M = L_K r_K + L_M r_M + (L_K r_K \alpha_K + L_M r_M \alpha_M)\,\vartheta\ .$$

Wenn der Widerstand R temperaturunabhängig sein soll, muss der Koeffizient von ϑ verschwinden, d.h. es muss gelten:

$$(7)\quad L_K r_K \alpha_K + L_M r_M \alpha_M = 0\ .$$

Einsetzen der gegebenen Werte ergibt:

$$(8)\quad \frac{L_K}{L_M} = -\frac{r_M \alpha_M}{r_K \alpha_K} = 0{,}39\ .$$

Jeder Widerstand aus Drähten mit diesem Längenverhältnis ist temperaturunabhängig. Für den gesuchten $5\,\Omega$-Widerstand erhält man aus

$$R = L_K r_K + L_M r_M = 0{,}39 L_M r_K + L_M r_M$$

für die beiden Längen:

$$(9)\quad L_M = \frac{5\,\Omega}{(0{,}39 \cdot 6{,}3 + 5{,}3)\,\frac{\Omega}{\mathrm{m}}} = 0{,}64\,\mathrm{m}\ ,$$

$$(10)\quad L_K = 0{,}39 \cdot 0{,}64\,\mathrm{m} = 0{,}25\,\mathrm{m}\ .$$

Der gesuchte Widerstand besteht also aus 64 cm Manganindraht und 25 cm Konstantandraht.

L–3.7 Mischtemperatur

Man kann das kalte Wasser auf eine Temperatur erwärmen, die über der Mischungstemperatur liegt, indem man Teile des heißen Wassers unter diese Temperatur abkühlt. Das heiße Wasser wird in kleinere Gefäße aufgeteilt, die nacheinander im kalten Wasser abgekühlt werden.

Die Abbildung zeigt dies exemplarisch für eine Aufteilung des Wassers in zwei gleich große Teile:

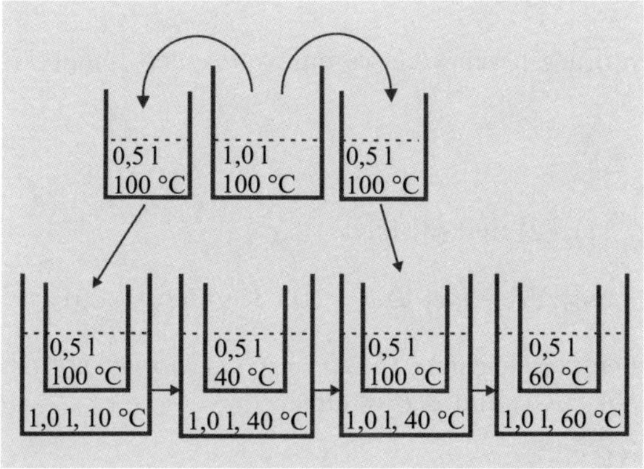

Hier werden also 60 °C erreicht. Teilt man das heiße Wasser auf mehr Gefäße auf, kann man mit derselben Methode auch eine höhere Temperatur erreichen. Die allgemeine Lösung (mit Gefäßen gleichen Volumens) führt auf eine geometrische Folge, deren Grenzwert die maximal mögliche Temperatur darstellt, die sich bei Verwendung sehr vieler Gefäße ergibt. Sie liegt bei knapp 67 °C.

Natürlich kann man auch das kalte Wasser auf kleinere Gefäße aufteilen, sie im heißen Wasser erwärmen und anschließend wieder zusammen schütten.

L–3.8 Unbekanntes Gas

Bei konstantem Volumen wird die zugeführte Wärme zur Erhöhung der inneren Energie des Gases verwendet:

(1) $mc_v \,\Delta T = \Delta U_1$.

Bei konstantem Druck wird zusätzlich Arbeit verrichtet, d.h. es gilt:

(2) $mc_p \,\Delta T = \Delta U_2 + p\,\Delta V$.

Da die innere Energie eines Gases nur von seiner Temperatur abhängt, ist:

(3) $\Delta U_1 = \Delta U_2$.

Aus den Gln. (1), (2) und (3) folgt:

(4) $p\,\Delta V = mc_p \,\Delta T - mc_V \,\Delta T = 911\,\mathrm{J} - 650\,\mathrm{J} = 261\,\mathrm{J}$.

Aus der idealen Gasgleichung ($p\,\Delta V = nR\,\Delta T$) folgt mit $R = 8{,}31\,\mathrm{J\,mol^{-1}\,K^{-1}}$ und $\Delta T = 1K$:

(5) $n = \dfrac{p\,\Delta V}{R\,\Delta T} = 31{,}4\,\mathrm{mol}$.

Aus der Stoffmenge n lässt sich die relative Molekülmasse errechnen:

(6) $M = \dfrac{1\,\mathrm{kg}}{n\dfrac{\mathrm{kg}}{\mathrm{kmol}}} = \dfrac{1}{0{,}0314} = 31{,}8 \approx 32$.

Bei dem Gas handelt es sich um Sauerstoff O_2.

L–3.9 U-Rohr

Es seien l die Höhe einer Gassäule im Ausgangszustand und x sowie $(2l - x)$ die Höhen der Gassäulen im Endzustand. Aus der Gasgleichung ergibt sich für die Drücke in der linken und in der rechten Gassäule:

$$(1) \quad p_l = \frac{nRT}{S\,(2l - x)} \quad \text{und} \quad p_r = \frac{nRT}{Sx} \ .$$

Die Druckdifferenz $p_l - p_r$ wird durch den Druck desjenigen Teils der Quecksilbersäule kompensiert, der zusätzlich auf der linken Seite lastet:

$$(2) \quad p_l - p_r = \rho g\,[x - (2l - x)] = 2\rho g\,(x - l) \ .$$

Mit den Gln. (1) folgt nach einigen Umformungen aus Gl. (2) für $x \neq l$:

$$(3) \quad x^2 - 2lx + \frac{nRT}{\rho g S} = 0 \ .$$

Diese quadratische Gleichung hat zwei Lösungen, die die Höhen der beiden Gassäulen angeben, wobei $x_1 + x_2 = 2l$ ist.

$$(4) \quad x_{1,2} = l \pm \sqrt{l^2 - \frac{nRT}{\rho g S}} \ .$$

Die quadratische Gleichung ist nur lösbar für:

$$(5) \quad l^2 \geq \frac{nR}{\rho g S} T \ ,$$

d.h. für genügend kleine Temperaturen. Für die Temperatur

$$(6) \quad T_1 = \frac{\rho g S l^2}{nR}$$

ergibt sich nur noch eine Lösung, die dem symmetrischen Fall entspricht. Ab dieser Temperatur bewegt sich die Quecksilbersäule nicht, wenn man das U-Rohr umdreht.

Da in der obigen Betrachtung der Fall $x = l$ ausgeschlossen wurde, muss noch überprüft werden, dass sich hier kein Widerspruch ergibt. Wegen der Stetigkeit der Funktion $x\,(T)$ ist dies jedoch nicht der Fall.

L–3.10 Barometer

Der atmosphärische Druck p_0 ist gleich der Summe aus dem hydrostatischen Druck der Quecksilbersäule und dem Druck der Luftblase $p_{L,0}$, d.h. es gilt:

(1) $p_0 = p_{L,0} + \rho g H_0$.

Analog gilt bei atmosphärischem Druck p_1 und Druck der Luftblase $p_{L,1}$:

(2) $p_1 = p_{L,1} + \rho g H_1$.

Mit der Annahme, dass Luft sich wie ein ideales Gas verhält, gilt:

(3) $$\frac{p_{L,0}\,(L - H_0)}{T_0} = \frac{p_{L,1}\,(L - H_1)}{T_1} ,$$

wobei L die maximale Länge der Quecksilbersäule ist. Also gilt:

(4) $$p_{L,1} = p_{L,0}\frac{T_1\,(L - H_0)}{T_0\,(L - H_1)} = (p_0 - \rho g H_0)\,\frac{T_1\,(L - H_0)}{T_0\,(L - H_1)} .$$

Daraus folgt:

(5) $$p_1 = (p_0 - \rho g H_0)\left(\frac{T_1\,(L - H_0)}{T_0\,(L - H_1)}\right) + \rho g H_1 .$$

L–3.11 Heizelement

Aus der Aufgabenstellung geht hervor, dass ein stationärer Zustand erreicht war. Die Temperatur änderte sich nicht mehr, weil die an die Umgebung abgegebene Verlustwärme gleich der vom Heizelement gelieferten Wärme war.

Unmittelbar nach dem Abschalten wird die Verlustleistung $P = 100\,\mathrm{W}$ betragen. Die Zeit, die vergeht, bis $m = 1\,\mathrm{kg}$ Wasser um $\Delta T = 1\,\mathrm{K}$ abgekühlt ist, sei t. Dann gilt:

(1) $Pt = c\,m\,\Delta T$.

Dabei ist $c = 4{,}2\,\mathrm{kJ\,kg^{-1}\,K^{-1}}$ die spezifische Wärmekapazität von Wasser.

Aus Gl. (1) erhält man somit:

(2) $t = 42\,\mathrm{s}$

L–3.12 Eiswürfel

Es muss dem System unter den gegebenen Annahmen lediglich Wärme für den Schmelzvorgang des Eiswürfels zugeführt werden. Der Eiswürfel sinkt auf den Gefäßboden, wenn seine mittlere Dichte größer als die des Wassers ist. Er schwebt, wenn seine mittlere Dichte gleich der von Wasser ist. Dies sei der Fall, wenn die Masse des nicht geschmolzenen Eises M_E beträgt. Es gilt dann:

$$(1) \quad \rho_{\text{Wasser}} = \frac{M_E + m}{V} \, ,$$

wobei V das Volumen des Eiswürfels ist.

Für das Volumen des Eiswürfels gilt:

$$(2) \quad V = \frac{M_E}{\rho_{\text{Wasser}}} + \frac{m}{\rho_{\text{Blei}}} \, .$$

Aus Gl. (1) und Gl. (2) folgt:

$$(3) \quad M_E + m = \rho_{\text{Wasser}} \left(\frac{M_E}{\rho_{\text{Eis}}} + \frac{m}{\rho_{\text{Blei}}} \right) \, .$$

Umformung von Gl. (3) und Verwendung der gegebenen Zahlenwerte führt auf

$$(4) \quad M_E = -m \cdot \frac{\left(1 - \dfrac{\rho_{\text{Wasser}}}{\rho_{\text{Blei}}}\right)}{\left(1 - \dfrac{\rho_{\text{Wasser}}}{\rho_{\text{Eis}}}\right)} = 41{,}0\,\text{g} \, .$$

Die geschmolzene Eismasse des Eiswürfels beträgt demnach:

$$(5) \quad \Delta M = M - M_E = 100\,\text{g} - 41\,\text{g} = 59\,\text{g} \, .$$

Die benötigte Wärmemenge, damit der Eiswürfel nicht nur schwebt, sondern auf den Gefäßboden sinkt, muss daher etwas größer sein als:

$$(6) \quad Q = q_{\text{Eis}} \cdot \Delta M = 19470\,\text{J} \, .$$

L–3.13 Luft – Wasser – Glas

Die Länge des Glasrohres sei L, der äußere Luftdruck $p_ä$.

Dann gilt nach dem Herausnehmen des Glasrohres:

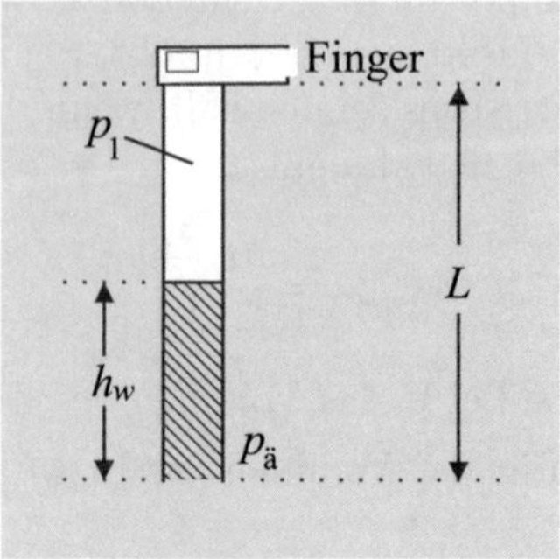

(1) $p_1(L - h_W) = \frac{1}{2}p_ä L$,

wobei p_1 der Druck des eingeschlossenen Gases und h_w die Höhe der Wassersäule ist.

Weiterhin gilt:

(2) $p_1 + \varrho g h_w = p_ä$.

Aus Gln. (1) und (2) folgt:

(3) $h_w^2 - \left(L + \frac{p_ä}{\varrho g}\right) h_w + \frac{p_ä L}{2\varrho g} = 0$.

Die einzige physikalisch sinnvolle Lösung dieser quadratischen Gleichung ist:

(4) $h_w \approx 47{,}7\,\text{cm}$.

Nach Umdrehen des Glasrohres gilt

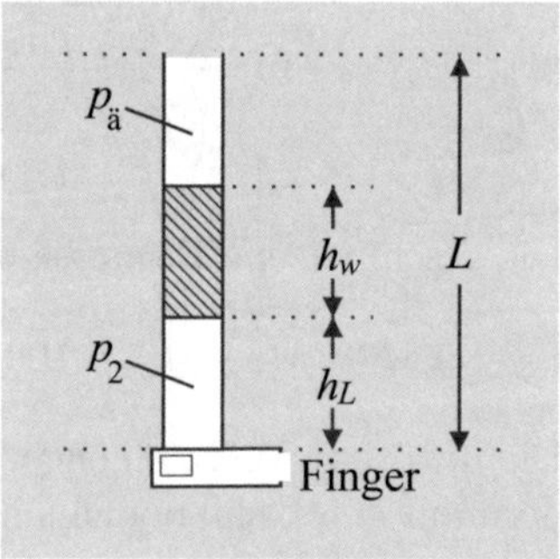

(5) $p_2 h_L = \frac{1}{2}p_ä L$,

(6) $p_2 = p_ä + \varrho g h_w$,

wobei p_2 der Druck der eingeschlossenen Luft und h_L die gesuchte Höhe der Luftsäule ist. Aus den Gln. (5) und (6) folgt:

(7) $h_L = \frac{p_ä L}{2(p_ä + \varrho g h_w)} \approx 47{,}9\,\text{cm}$.

L–3.14 Wärmefluss

a) Aus

(1) $$P = \frac{\Delta T S}{\varrho \cdot d} ,$$

wobei d die Dicke und S die Querschnittsfläche der Kupferplatte bezeichnet, folgt:

(2) $$\Delta T = \frac{\varrho d P}{S} = 11{,}7\,\mathrm{K} .$$

b) Bei einem konstanten Wärmefluss P durch den Draht ist die Temperaturdifferenz zwischen den Enden eines infinitesimalen Segments des Drahtes gegeben durch

(3) $$\mathrm{d}T = \frac{P \varrho \,\mathrm{d}x}{S} .$$

Die Temperaturdifferenz $\Delta T = T_1 - T_2$ zwischen den beiden Enden des gesamten Drahtes ist daher gegeben durch:

(4) $$\Delta T = \frac{PA}{S} ,$$

wobei A die Fläche unterhalb der Kurve $\varrho(x)$ im Graphen ist.

Aus den Graphen lässt sich A ablesen. Es gilt in guter Näherung

(5) $$A \approx 50\,\mathrm{cm}^2\,\mathrm{K}\,\mathrm{W}^{-1} .$$

Damit folgt aus Gl. (4):

(6) $$P = \frac{S\,\Delta T}{A} \approx 20\,\mathrm{mW} .$$

L–3.15* Abkühlung von Wasser

Außentemperatur $\vartheta_0 = 19{,}4\,^\circ$C						
	Kolben (ca. 600 ml)			Zylinder (ca. 600 ml)		
t/ min	ϑ/ °C	$(\vartheta - \vartheta_0)$ / °C	$\log(\vartheta - \vartheta_0)$	ϑ/ °C	$(\vartheta - \vartheta_0)$ / °C	$\log(\vartheta - \vartheta_0)$
0,0	41,5	22,1	1,344	39,9	20,5	1,312
2,5	40,6	21,2	1,326	39,4	20,0	1,301
5,0	40,05	20,7	1,315	38,9	19,5	1,290
7,5	39,6	20,2	1,305	38,2	18,8	1,274
10,0	39,1	19,7	1,294	37,6	18,2	1,260
12,5	38,6	19,2	1,283	37,1	17,7	1,248
15,0	38,2	18,8	1,274	36,5	17,1	1,233
17,5	37,9	18,5	1,267	36,0	16,6	1,220
20,0	37,4	18,0	1,255	35,5	16,1	1,207
22,5	37,1	17,7	1,248	35,1	15,7	1,196
25,0	36,8	17,4	1,241	34,6	15,2	1,182
27,5	36,4	17,0	1,230	34,1	14,7	1,167
30,0	36,0	16,6	1,220	33,7	14,3	1,155
32,5	35,7	16,3	1,212	33,4	14,0	1,146
35,0	35,4	16,0	1,204	33,0	13,6	1,134
37,5	35,0	15,6	1,193	32,7	13,3	1,124
40,0	34,7	15,3	1,185	32,3	12,9	1,111
45,0	34,1	14,7	1,167	31,7	12,3	1,090
50,0	33,6	14,2	1,152	31,0	11,6	1,064

Die Überprüfung gelingt leicht bei einer Geraden-Darstellung. Dazu müssen beide Seiten der folgenden Gleichung (1) logarithmiert werden.

$$(1) \quad \vartheta(t) - \vartheta_0 = \alpha 2^{-t/\tau}$$

$$(2) \quad \log(\vartheta(t) - \vartheta_0) = \log\alpha - \frac{\log 2}{\tau} t$$

Trägt man $\log(\vartheta(t) - \vartheta_0)$ über t auf, so muss sich in guter Näherung eine Gerade ergeben. Die Abbildung zeigt ein Beispiel für eine halb logarithmische Darstellung. Die physikalische Bedeutung der Konstanten ergibt sich durch Einsetzen der Werte $t = 0$ und $t = \tau$ in (1):

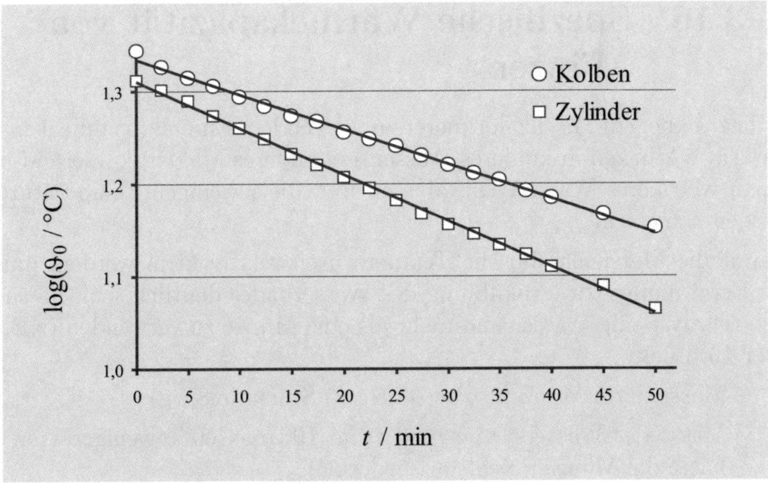

(3) $\vartheta(0) - \vartheta_0 = \alpha$,

(4) $\vartheta(\tau) - \vartheta_0 = \frac{1}{2}[\vartheta(0) - \vartheta_0]$.

α ist gleich der Differenz von Wasser- und Umgebungstemperatur zu Beginn der Messung. τ ist die Zeit, in der die Differenz von Wasser- und Umgebungstemperatur die Hälfte des Anfangswertes erreicht hat.

Aus den Messdaten folgt für eine Konstante

	Kolben	Zylinder
$\log(\alpha)$	1,333	1,311
α / °C	21,53	20,46
$\log\left(\frac{1}{2}\alpha\right)$	1,032	1,010
τ / min	82	61

Das Wasser im Becherglas kühlt schneller ab als im runden Kolben. Je größer die Oberfläche bei einem gegebenen Volumen ist, desto schneller erfolgt die Abkühlung. Bei gleichem Volumen ist die Kolbenoberfläche kleiner als die Oberfläche jedes Zylinders. Dies lässt sich leicht zeigen.

Bei der Durchführung des Versuchs ist darauf zu achten, dass die Ergebnisse durch Verdampfen des Wassers nicht merklich verfälscht werden. Dazu darf die Anfangstemperatur des Wassers nicht zu hoch sein. Wird mit höherer Anfangstemperatur gearbeitet, so muss das Verdampfen durch zusätzliche Maßnahmen verhindert werden (Kolben verschließen oder einen Tropfen Öl auf die Wasseroberfläche geben).

L–3.16* Spezifische Wärmekapazität von Münzen

Es liegt nahe, ein Mischkalorimeter zu verwenden: Einmal (a) taucht man erwärmte Münzen in kühleres Wasser, ein anderes Mal (b) kühlere Münzen in wärmeres Wasser. Die Massen und die jeweiligen Temperaturen werden gemessen.

Damit die Messfehler für die Temperaturen relativ klein werden, muss die Erwärmung bzw. Abkühlung des Wasserbades deutlich sein. Es sind also relativ wenig Wasser und mehr als eine Münze zu verwenden (z.B. 5 oder 10 Stück).

a)
- Masse der 5 Münzen: $m = 42{,}5\,\mathrm{g}$ (5 Stück, je 8,5 g)
- Masse des Wassers: $m_w = 60\,\mathrm{g}$ (im 100 ml-Gefäß; weniger Wasser hätte die Münzen nicht gut bedeckt!)
- Anfangstemperatur der Münzen: $\vartheta_2 = 100\,^\circ\mathrm{C}$ (siedendes Wasser)
- Anfangstemperatur des Wassers: $\vartheta_1 = 23{,}2\,^\circ\mathrm{C}$
- gemessene Mischtemperatur: $\vartheta_m = 28{,}3\,^\circ\mathrm{C}$

Es gilt (Energiesatz):

$$(1) \quad m \cdot c \cdot (\vartheta_2 - \vartheta_m) = m_W \cdot c_W \cdot (\vartheta_m - \vartheta_1) \ , \quad \text{also}$$

$$(2) \quad \frac{c}{c_w} = \frac{m_w\,(\vartheta_m - \vartheta_1)}{m\,(\vartheta_2 - \vartheta_m)} = \frac{60 \cdot 5{,}1}{42{,}5 \cdot 71{,}7} = 0{,}10$$

Wiederholte Messungen ergaben Werte für c/c_w zwischen 0,09 und 0,11.

Größere systematische Fehler:
- ϑ_2 ist kleiner als 100 °C, weil sich die Münzen in der Luft abgekühlt haben (c/c_w ist zu klein gemessen)
- ϑ_m ist zu klein, weil das Gefäß während der Messung Energie abgegeben hat (c/c_w ist zu klein gemessen)
- mit den Münzen wurde auch heißes Wasser ins Wasserbad transportiert (c/c_w ist zu groß gemessen)

b)
- $m = 42{,}5\,\mathrm{g}$, (5 Münzen je 8,5 g)
- $m_W = 60\,\mathrm{g}$,
- $\vartheta_2 = 22{,}1\,^\circ C$ (Zimmertemperatur)
- $\vartheta_1 = 36{,}0\,^\circ C$ (Wassertemperatur zu Beginn)
- $\vartheta_m = 33{,}8\,^\circ C$ (nach 3 min)

$$(3) \quad \frac{c}{c_w} = \frac{60}{42{,}5} \cdot \frac{36 - 33{,}8}{33{,}8 - 22{,}1} = 1{,}41 \cdot \frac{2{,}2}{11{,}7} = 0{,}27$$

Der Wert 0,27 erscheint viel zu groß im Vergleich zu Literaturwerten für Metalle.

Der Fehler rührt vor allem daher, dass sich das warme Wasser „von allein", also ohne die Münzen, abkühlt. Ein Parallelexperiment zeigt innerhalb von 3 Minuten von 36 °C auf 34,7 °C. Die durch die Münzen verursachte Temperaturerniedrigung wäre also nicht 2,2 °C, sondern nur 0,9 °C.

$$(4) \quad \frac{c}{c_w} = 1{,}41 \cdot \frac{0{,}9}{11{,}7} = 0{,}11$$

Man sieht leicht, dass dieses Verfahren ungenauer ist als das erste.

Wiederholte Messungen ergaben Werte zwischen 0,10 und 0,17.

Die nächsten beiden Lösungsideen zeichnen sich dadurch aus, dass die Theorien anspruchsvoller sind, aber die experimentellen Ausführungen ohne Laborausrüstung wohl kaum gelingen.

Richtige theoretische Überlegungen und sorgfältige experimentelle Bemühungen sind hier, im Sinne der Punktvergabe, gleichwertig mit den Kalorimeterexperimenten.

c) Erwärmungsexperiment

Wasser wird einmal pur und ein anderes Mal zusammen mit den Münzen mit konstanter Leistung P erhitzt (Nachweis für $P =$ konstant ist $\Delta\vartheta \sim \Delta t$).

$$(5) \quad P \cdot \Delta t = c_w \cdot m_w \, \Delta\vartheta_w \quad \text{und} \quad P \cdot \Delta t = (c_w m_w + c \cdot m)\, \Delta\vartheta \ .$$

Es seien $n_w = \Delta\vartheta_w / \Delta t$ und $n = \Delta\vartheta / \Delta t$ die Steigungen der Geraden $\vartheta\,(t)$. Dann ist

$$(6) \quad \frac{c}{c_w} = \left(\frac{n_w}{n} - 1\right)$$

In der Erprobung mit Haushaltsmitteln waren die Temperaturmessungen so ungenau, dass sich kein nachweisbarer Unterschied zwischen n_w und n ergab:

$$(7) \quad n_W \approx n \ .$$

d) Abkühlungsexperiment

Ist $\vartheta(t)$ die Temperatur eines Körpers zur Zeit t und ϑ_0 die Umgebungstemperatur, so gilt in guter Näherung das Newton'sche Abkühlungsgesetz:

$$(8) \quad \vartheta(t) - \vartheta_0 = \alpha e^{-\frac{t}{\tau}} \; ; \quad \vartheta(0) - \vartheta_0 = \alpha$$

Die Abklingzeit τ ist proportional zur Wärmekapazität $C = c \cdot m$ des Körpers. Es wurde der Temperaturverlauf mit und ohne Münzen über 20 Minuten gemessen. In beiden Fällen war der Wasserpegel gleich hoch gewählt. Die Größe der Oberfläche ist wesentlich für die Wärmeabgabe nach außen.

Der halblogarithmische Graph ergab jeweils nur sehr angenähert eine Gerade. Die Steigungen waren – wie in Aufgabe c – im gleichen Temperaturintervall im Rahmen der Messgenauigkeit etwa gleich groß. Auch dieses Verfahren war - unter den gegebenen Bedingungen - nicht geeignet, die spezifische Wärmekapazität zu bestimmen.

L–3.17* Dampfdruck

a) Bei der Abkühlung des eingeschlossenen Gases sinken die Partialdrucke von Luft und Wasserdampf. Durch den entstandenen Unterdruck dringt Wasser in das Glasgefäß.

b)

$h_1 = 2{,}6\,\text{cm}$

$h_2 = 5{,}6\,\text{cm} \pm 0{,}4\,\text{cm}$

$h_3 = 8{,}5\,\text{cm}$

$\varnothing$ Glasgefäß $= 6{,}6\,\text{cm}$

$(A = 34{,}2\,\text{cm}^2)$

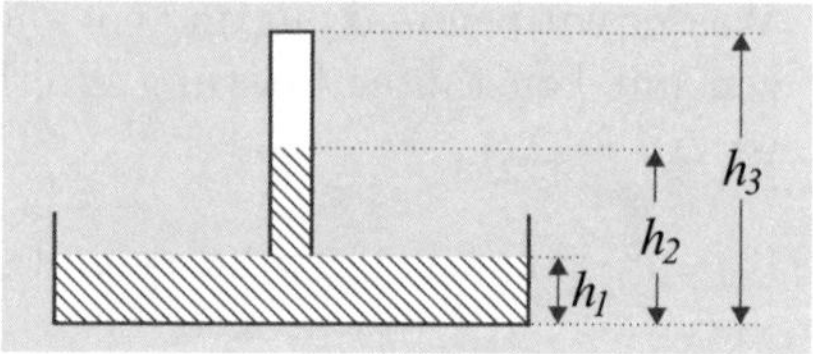

Bei Probemessungen haben sich die angegebenen Zahlenwerte ergeben. Für die Höhe h_2 ist der Wasserdampfanteil im Gasgemisch wesentlich, der unter den Versuchsbedingungen nicht gut reproduzierbar ist: Das Ende des Siedevorgangs ist ungenau und das Gas entweicht in Form relativ großer Blasen in diskreten Portionen.

c) Luft kann im vorliegenden Temperatur- und Druckbereich als ideales Gas angesehen werden.

Da nach dem Zeitpunkt τ kein Gas mehr entweicht, gilt

$$(1) \quad p_\tau \cdot V_3 = mRT_\tau \quad \text{und} \quad p_{\text{Zi}} \cdot V_{3-2} = nRT_{\text{Zi}}$$

mit $p_\tau = p_0 + \rho_w g h_1 \approx p_0$; $p_{\mathrm{Zi}} = p_0 - \rho g\,(h_2 - h_1) \approx p_0$;
$V_{3-2} = A\,(h_3 - h_2)$ und $\frac{V_{3-2}}{V_3} = \frac{T_{\mathrm{Zi}}}{T_\tau}$.
Rechnung:

$$(2) \quad \frac{h_3 - h_2}{h_3} = 1 - \frac{h_2}{h_3} = \frac{293}{368} = 0{,}80;\; h_2 = h_3\,(1 - 0{,}8) = 1{,}7\,\mathrm{cm}$$

Gemessen wurde $h_2 = 5{,}6\,\mathrm{cm}$. Das Gas kann nicht reine Luft sein. Es ist ein Gemisch aus Wasserdampf und Luft.

d) Nach dem Gesetz von Dalton ist der Gesamtdruck einer Gasmischung gleich der Summe der Partialdrucke

$$(3) \quad p_L + p_w = p_{\mathrm{gesamt}} \;.$$

Bei Zimmertemperatur gilt für das eingeschlossene Gas

$$(4) \quad p_L^{\mathrm{Zi}} = p_0 - \rho_w g\,(h_2 - h_1) - p_w^{\mathrm{Zi}} = 0{,}97 \cdot 10^5\,\mathrm{Pa}\;.$$

Für die Luft als ideales Gas gilt die allgemeine Gasgleichung

$$(5) \quad p_L^{\mathrm{Zi}} V_{3-2} = n_L R T_Z$$

$$(6) \quad n_L = \frac{0{,}97 \cdot 10^5 \cdot 34{,}2 \cdot 10^{-4} \cdot 2{,}9 \cdot 10^{-2}}{8{,}31 \cdot 293} = 4{,}0 \cdot 10^{-3}\,\mathrm{mol}\;.$$

Die Anzahl der Mole Luft im eingeschlossenen Gas beträgt $4 \cdot 10^{-3}$.

e) Zum Zeitpunkt τ gilt:

$$(7) \quad (p_L^\tau + p_w^\tau)\, V_3 = (n_l + n_w^\tau)\, R T_\tau$$

$$(8) \quad p_L^\tau + p_w^\tau = p_0 + \rho_w g h_1' \approx p_0$$

h_1' ist etwas größer als h_1, weil sich kein Wasser im Glasgefäß befindet.

$$V_3 = A \cdot 8{,}5 = 291\,\mathrm{cm}^3 = 2{,}91 \cdot 10^{-4}\,\mathrm{m}^3$$

$$n_w^\tau = \frac{p_0 V_3}{R T_\tau} - n_L = \frac{10^5 \cdot 291 \cdot 10^{-6}}{8{,}31 \cdot 368} - 4 \cdot 10^{-3} = 5{,}6 \cdot 10^{-3}\,\mathrm{mol}$$

$$p_w^\tau = \frac{n_w^\tau}{n_w^\tau + n_L} p_0 = 0{,}58 \cdot 10^5\,\mathrm{Pa}$$

Die von den Schülern gemessenen Werte für die Wassersteighöhe hängen wesentlich von deren Versuchsbedingungen ab. Die Messungen sind einfach auszuführen, aber zeitaufwendig. Die „Kunst“ besteht darin, gerade so viel Wasserdampf ins Glasgefäß gelangen zu lassen, dass es bei Abkühlung etwa je zur Hälfte mit Wasser und Gas gefüllt ist.

4 Optik

L–4.1 Sammellinse und Prismen

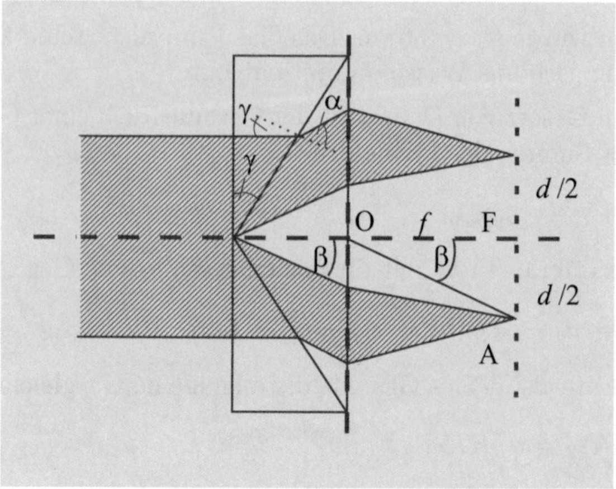

Das Lichtbündel wird im Prisma um den Winkel β abgelenkt. Aus dem Dreieck OFA erhält man:

(1) $\tan\beta = \dfrac{d}{2f}$ bzw. $\beta \approx \arctan\dfrac{d}{2f}$.

Für die Brechung an der Austrittsfläche des Prismas gilt:

(2) $\sin\alpha = n\sin\gamma$ bzw. $\alpha \approx n\gamma$.

Mit $\beta = \alpha - \gamma$ ergibt sich aus den Gln. (1) und (2):

(3) $\gamma \approx n\gamma - \arctan\dfrac{d}{2f}$.

Also gilt:

(4) $\gamma = 2\arctan\dfrac{d}{2f} = 8\,^\circ$.

L–4.2 Halo

a) Begründung dafür, dass der Halo durch Brechung an Eiskristallen zustande kommt:

- Untersuchung von Streuungsphänomenen (an Staub, Wassermolekülen, Wassertröpfchen)

  Die Argumentation kann darauf hinauslaufen, dass blaues Licht viel stärker gestreut wird als rotes ($P \sim f^4$). Für etwa gleich weit vom Betrachter entfernte Streuzentren (Hochtroposphäre $r \approx 10\,\text{km}$) sollte deshalb bei auf Streuung zurückzuführenden Farberscheinungen die blaue Farbe wesentlich intensiver sein als die rote. Das widerspricht der in der Aufgabe geschilderten Farberscheinung.

  Man kann auch den Ausdruck $(1 + \cos^2\beta)$ aus der Streuungsgleichung diskutieren. Daraus lässt sich eine ringförmige Farberscheinung nicht begründen. Streustrahlung existiert in jeder Richtung.

- Untersuchungen von Beugungsphänomenen (z.B. an Wassertröpfchen)

  Dabei sollte die Reihenfolge der Farben umgekehrt sein, wie es bei den Sonnenhöfen beobachtet wird.

- Untersuchung von Brechungsphänomenen (die evtl. mit Beugung verbunden sein können)

  Für die Brechung kommen Wassertröpfchen und Eiskristalle in Betracht. Wassertröpfchen ergeben bei Blickrichtung zur Sonne keine geometrische Möglichkeit einer Ringerscheinung. Ein Regenbogen wird nur beobachtet, wenn man mit dem Rücken zur Sonne steht. Es bleibt also nur die Brechung an Eiskristallen übrig.

b) Begründung der Größe des Winkelradius des Halo: Die Brechung in den sechsseitigen Säulen der Eiskristalle ist derjenigen in gleichseitigen Prismen äquivalent. Unter den statistisch verteilten Eisnadeln gibt es welche mit der „passenden“ Lage, die einen Beitrag zum Halo liefern können. Welches ist die „passende“ Lage?

   Die Helligkeit der Lichterscheinung wird durch Absorption innerhalb der Eiskristalle beeinflusst. Sie hängt von der Länge des Lichtweges im Prisma ab. Größte Helligkeit ergibt sich also bei symmetrischem Durchgang. Dabei ist zugleich die Ablenkung minimal, so dass ein relativ scharfer innerer Rand entsteht.

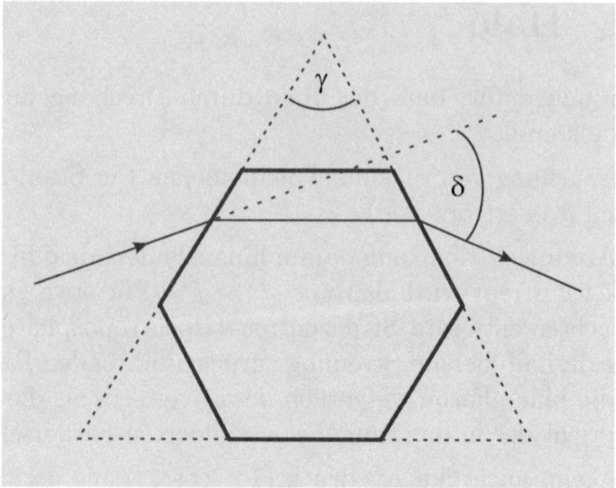

Für symmetrischen Durchgang gilt:

(1) $\sin\dfrac{\gamma+\delta}{2} = n_{\mathrm{E}}\sin\dfrac{\gamma}{2}$.

Mit $\gamma = 60^\circ$ folgt:

(2) $\sin 30^\circ \cos\dfrac{\delta}{2} + \cos 30^\circ \sin\dfrac{\delta}{2} = n_{\mathrm{E}}\sin 30^\circ$.

Durch Umformung erhält man:

(3) $\sin\dfrac{\delta}{2} = 0{,}567 \pm 0{,}378$.

Die größere der beiden Lösungen ist unsinnig, da derart große Ablenkwinkel unmöglich sind. Man erhält also

(4) $\sin\dfrac{\delta}{2} = 0{,}189$ bzw. $\delta = 21{,}8^\circ \approx 22^\circ$.

Die blaue Farbe wird stärker gebrochen als die rote. Der Winkelabstand zwischen rotem Ring und Sonne ist also kleiner als derjenige zwischen blauem Ring und Sonne. Der Halo ist innen rot gefärbt.

Dies ist der einfachste Fall eines Halo. Einen Überblick über das gesamte, sehr komplexe Gebiet findet man in A. B. Fraser: Halo-Phänomene, PhuZ. 1972.

L–4.3 Linse und drehender Spiegel

Sei φ der Winkel zwischen Spiegelnormalen und optischer Achse, bei der der Lichtpunkt auf dem Schirm im Brennpunkt A der Linse liegt.

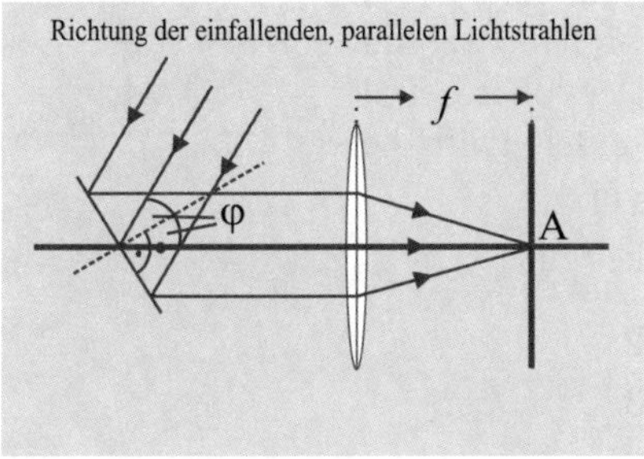

In diesem Moment sind die am Spiegel reflektierten Lichtstrahlen parallel zur optischen Achse.

Dreht sich der Spiegel um einen kleinen Winkel $\Delta\varphi$ weiter, schließen die am Spiegel reflektierenden Lichtstrahlen mit der optischen Achse der Linse einen Winkel $2\Delta\varphi$ ein und der Lichtpunkt auf dem Schirm befindet sich am Ort B:

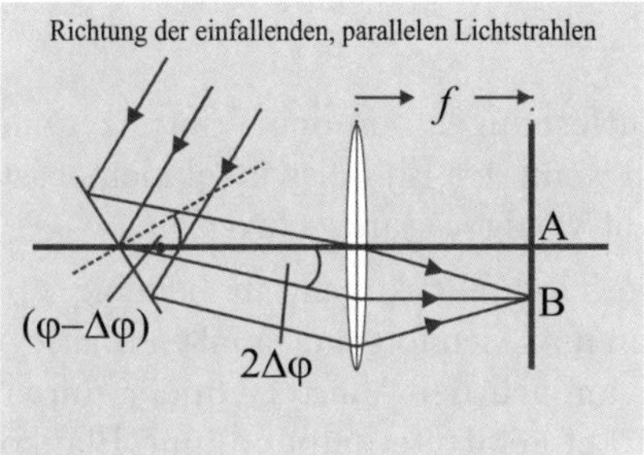

Für kleine Winkel $\Delta\varphi$ gilt nun:

(1) $\overline{\mathrm{AB}} = f \tan(2\Delta\varphi) \approx 2f\,\Delta\varphi$.

Bezeichnet Δt das kleine Zeitintervall, in dem der Lichtpunkt von Punkt A nach Punkt B gewandert ist, so gilt für die gesuchte Geschwindigkeit:

(2) $v = \dfrac{\overline{\mathrm{AB}}}{\Delta t} \approx \dfrac{2f\,\Delta\varphi}{\Delta t} = 2f\omega$.

L–4.4 Glasprisma

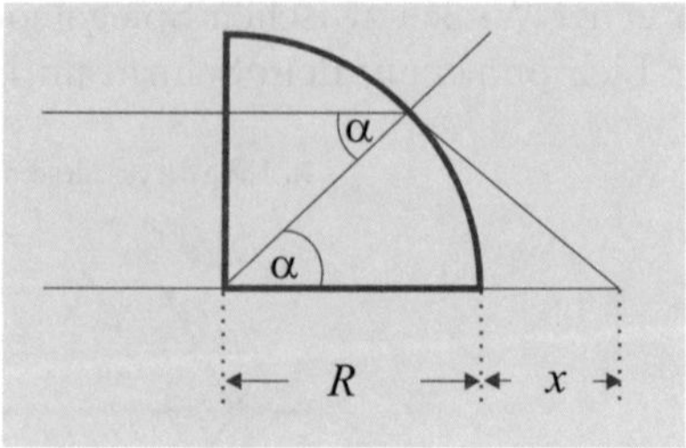

Es sei α der Grenzwinkel der Totalreflexion. Strahlen, die unter größerem Einfallswinkel auf die Zylinderfläche treffen, werden total reflektiert. Der obere Teil des einfallenden Bündels trifft die Tischplatte also nicht.

Für den Grenzwinkel gilt:

$$(1) \quad \sin\alpha = \frac{1}{n} = \frac{2}{3} \, .$$

Aus der Geometrie folgt:

$$(2) \quad \cos\alpha = \frac{R}{R+x} \, .$$

Aus den Gln. (1) und (2) erhält man:

$$(3) \quad x = R\left(\frac{3}{\sqrt{5}} - 1\right) = 1{,}71\,\text{cm} \, .$$

Erst in größeren Entfernungen von dem Viertelzylinder als x trifft Licht auf den Tisch, denn wenn der Einfallswinkel kleiner ist als der Grenzwinkel α, wird das Licht weniger stark gebrochen.

Allerdings wird die Tischplatte nicht in beliebig großen Entfernungen beleuchtet. Das kann man sich folgendermaßen überlegen: In der Nähe der Tischplatte kann man sich den Viertelzylinder durch eine planparallele Platte und eine darauf gekittete halbe, dünne Plankonvexlinse mit dem Krümmungsradius R ersetzt denken. Ein in der Nähe der Tischplatte einfallendes Lichtbündel wird also in der Brennlinie dieser Zylinderlinse konzentriert; in noch größerer Entfernung bleibt die Tischplatte dunkel.

Nach der sog. Linsenmacherformel gilt für eine plankonvexe, dünne Linse

$$(4) \quad \frac{1}{f} = (n-1)\frac{1}{R} \, .$$

Also gilt mit den gegebenen Werten:

$$(5) \quad f = 10\,\text{cm} \, .$$

L–4.5 Konvexlinse und Planspiegel

Es sei F'F" die Brennebene der Linse durch F und AA' ein Mittelpunktstrahl parallel zu dem gegebenen Pfeil. Wo diese Achse die Brennebene durchstößt, liegt der Punkt S'. Eine Lichtquelle in S' würde hinter der Linse ein Parallellichtbündel in Richtung des Pfeils erzeugen.

Der Spiegel muss also so angebracht werden, dass das Spiegelbild der Lichtquelle S in S' liegt, d.h., er muss die Mittelsenkrechte von SS' bilden.

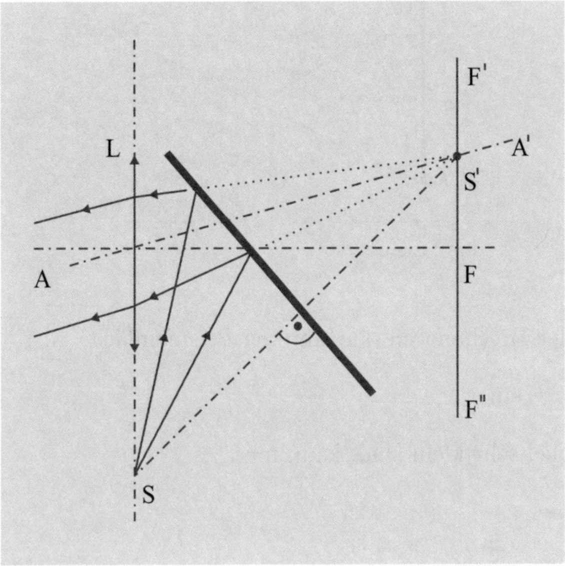

L–4.6 Fresnelprisma

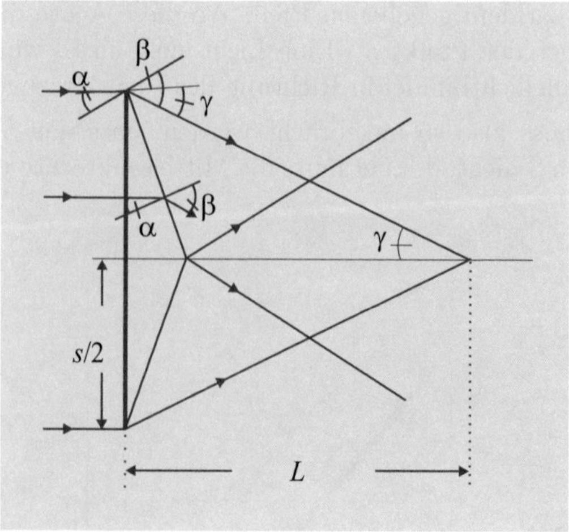

Aufgrund der Brechung an der hinteren Prismenfläche gilt:

(1) $\sin\beta = n \sin\alpha$.

Da die Winkel sehr klein sind, kann man

(2) $\beta \approx n\alpha$

annehmen. Aus der Geometrie folgt:

(3) $\gamma = \beta - \alpha \approx (n-1)\alpha$.

Interferenzstreifen sind in dem Bereich zu sehen, in dem sich die beiden Bündel überlappen. Der maximale Abstand ist somit

(4) $L = \dfrac{s}{2\tan\gamma} \approx \dfrac{s}{2\gamma} \approx \dfrac{s}{2(n-1)\alpha} \approx 2{,}29\,\mathrm{m}$.

Dabei ist α in Bogenmaß umzurechnen: $\alpha = 1^\circ = 0{,}01745\,\mathrm{rad}$.

L–4.7 Sammellinse und bewegter Gegenstand

– Berechnung der Geschwindigkeitskomponente des Gegenstands $\overline{v}_y$ senkrecht zur optischen Achse:

Die in gleichen Zeiten vom Bild und vom Gegenstand zurückgelegten Strecken verhalten sich wie die Vergrößerung γ. Sie ist somit gleich dem Verhältnis der Geschwindigkeitskomponenten v_y und $\overline{v}_y$ senkrecht zur optischen Achse:

$$(1) \quad \overline{v}_y = \frac{1}{\gamma} v_y \; .$$

Für die Vergrößerung gilt:

$$(2) \quad \gamma = \frac{b-f}{f} \; .$$

Mit $v_y = v \sin\varphi$ erhält man:

$$(3) \quad \overline{v}_y = \frac{f}{b-f} v \sin\varphi = 2{,}31 \, \frac{\mathrm{m}}{\mathrm{s}} \; .$$

– Berechnung der Geschwindigkeitskomponente des Gegenstands $\overline{v}_x$ in Richtung der optischen Achse:

Für die Brennpunktsweiten $x = b - f$ und $\overline{x} = a - f$ gilt:

$$(4) \quad x \cdot \overline{x} = f^2 \quad \text{und} \quad \frac{\mathrm{d}\overline{x}}{\mathrm{d}x} = -\frac{f^2}{x^2} \; .$$

Mit $v_x = v \cos\varphi$ und mit Gl. (4) ist:

$$(5) \quad \overline{v}_x = \left| \frac{\mathrm{d}\overline{x}}{\mathrm{d}t} \right| = \left| \frac{\mathrm{d}\overline{x}}{\mathrm{d}x} \frac{\mathrm{d}x}{\mathrm{d}t} \right| = \frac{f^2}{(b-f)^2} v \cos\varphi = 1{,}60 \, \frac{\mathrm{m}}{\mathrm{s}} \; .$$

– Der Betrag der gesuchten Geschwindigkeit ist somit:

$$(6) \quad \overline{v} = \sqrt{\overline{v}_x^2 + \overline{v}_y^2} = 2{,}81 \frac{\mathrm{m}}{\mathrm{s}} \; .$$

Gegenstand und Bild bewegen sich in der gleichen Ebene. Die Bahn des Gegenstandes bildet mit der optischen Achse den Winkel φ. Es gilt:

$$(7) \quad \tan\overline{\varphi} = \frac{\overline{v}_y}{\overline{v}_x} \quad \text{bzw.} \quad \overline{\varphi} = 55{,}3^\circ \; .$$

L–4.8 Schatten

a) Ein Beugungsproblem kann es nicht sein, da die Beugungsmuster bei Abmessungen wie in dieser Aufgabe sehr klein sein müssten.

Kern der Lösung ist, dass die Sonne nicht als Punktlichtquelle betrachtet wird, sondern ihre – von der Erde aus gesehen – kleine, aber endliche Winkelausdehnung berücksichtigt wird.

Dies führt zu einer Verteilung unterschiedlicher Schatten der Karte auf dem Schirm: Oberhalb des eigentlichen (Kern-)Schattens der Karte schließt sich ein (grauer) Halbschattenbereich an.

Führt man nun einen Finger vertikal von oben kommend an das obere Ende der Kartenkante heran, werden Lichtstrahlen unterbrochen, die sonst in den Halbschattenbereich fallen würden. In der Folge wächst ein „Gegenschatten" aus dem oberen Teil des Kernschattens heraus.

b) Sei d der Abstand zwischen Karte und Schirm, h die Größe des Halbschattenbereichs, so gilt:

(1) $$\alpha = 2 \arctan \frac{h}{2d} \,.$$

h wird bestimmt durch die Höhe des „Gegenschattens" für den Grenzfall, in dem Gegenschatten und Schattenbild der Hand ineinander übergehen.

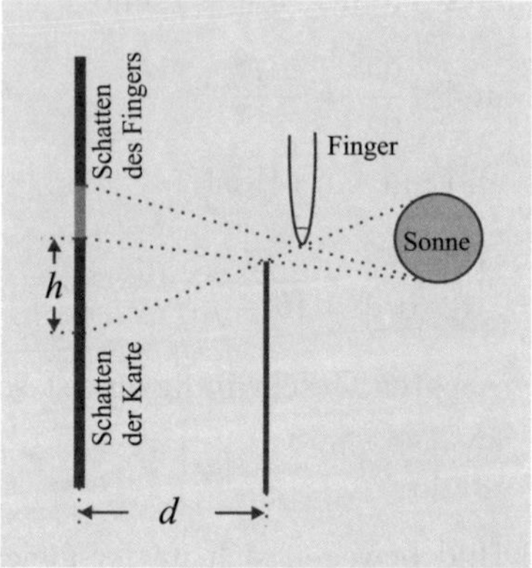

Mit dem vorgeschlagenen Experiment ist es möglich, Werte in der Größenordnung des Literaturwertes (32′) zu erzielen.

L–4.9 Spiegelbild

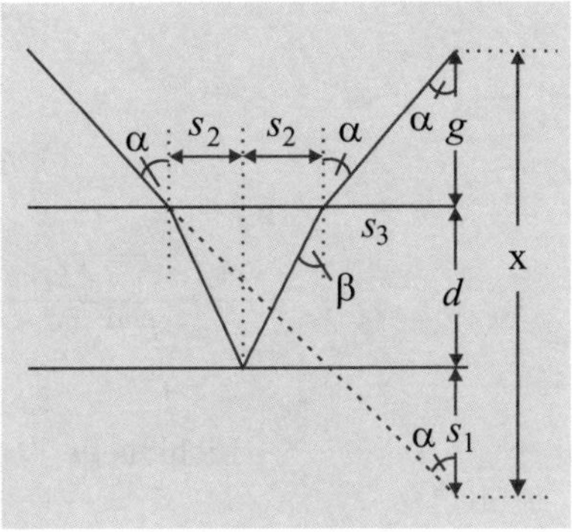

Gesucht ist die Entfernung

(1) $x = g + d + s_1$.

Aus den trigonometrischen Beziehungen(siehe obige Skizze)

(2) $\tan\alpha = \dfrac{2s_2 + s_3}{d + s_1}$, $\tan\beta = \dfrac{s_2}{d}$ und $\tan\alpha = \dfrac{s_3}{g}$

erhält man

(3) $s_1 = \dfrac{2s_2 + s_3}{\tan\alpha} - d$, $s_2 = d\tan\beta$ und $s_3 = g\tan\alpha$.

Aus dem Brechungsgesetz $\sin\alpha = n\sin\beta$ und den Gln. (1) und (3) folgt

(4) $x = 2g + 2d\dfrac{\tan\beta}{\tan\alpha} = 2g + 2d\dfrac{\sqrt{1 - \sin^2\alpha}}{\sqrt{n^2 - \sin^2\alpha}}$.

Die Entfernung ist vom Blickwinkel abhängig, unter dem man den Gegenstand im Spiegel sieht. Für kleine Winkel α ist $\sin^2\alpha \ll 1$ und damit

(5) $x \approx 2g + 2d\dfrac{1}{n} = 2\left(g + \dfrac{d}{n}\right)$.

Das Bild liegt also näher als bei einem Oberflächenspiegel in der Entfernung $g + d$, wo gelten würde $x_0 = 2(g + d)$.

Für größere Winkel α rückt das Bild noch etwas näher, denn es gilt

$$\frac{1}{n^2} \geq \frac{1 - \sin^2\alpha}{n^2 - \sin^2\alpha}\ , \quad \text{da} \quad 0 \leq \sin^2\alpha < 1 \quad \text{und} \quad n^2 > 1\ .$$

Für sehr große Winkel α tritt zusätzlich eine merkliche Reflexion an der Glasfläche auf und damit gibt es weitere Spiegelbilder.

L–4.10 Lichtquelle und Lichtfleck

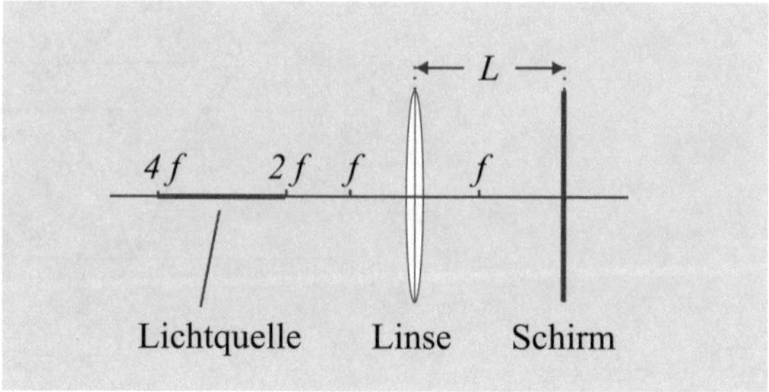

Abb. 1:

Die Größe des Lichtfleckes der Lichtquelle auf dem Schirm ist minimal, wenn die vom vorderen bzw. vom hinteren Ende der Lichtquelle verursachten Bilder und das zusammenfallen. Die vom vorderen und hinteren Ende der Lichtquelle ausgehenden Strahlen schneiden die optische Achse in den Punkten

$$(1)\quad b_{\text{vorne}} = \left(\frac{1}{f} - \frac{1}{g_{\text{vorne}}}\right)^{-1} = \left(\frac{1}{f} - \frac{1}{2f}\right)^{-1} = 10\,\text{cm bzw.}$$

$$(2)\quad b_{\text{hinten}} = \left(\frac{1}{f} - \frac{1}{g_{\text{hinten}}}\right)^{-1} = \left(\frac{1}{f} - \frac{1}{4f}\right)^{-1} = \frac{20}{3}\,\text{cm}\,.$$

Wird der Abstand L nun derart gewählt, dass das Bild der Lichtquelle minimal ist, so gilt (siehe auch Abbildung 2):

$$(3)\quad \frac{\frac{D}{2}}{b_{\text{vorne}}} = \frac{\frac{d}{2}}{b_{\text{vorne}} - L} \qquad \text{und} \qquad \frac{\frac{D}{2}}{b_{\text{hinten}}} = \frac{\frac{d}{2}}{L - b_{\text{hinten}}}\,,$$

wobei d der minimale Durchmesser des Bildes der Lichtquelle und D der Durchmesser der Sammellinse ist. Aus Gleichung (3) folgt:

$$\frac{b_{\text{vorne}} - L}{b_{\text{vorne}}} = \frac{L - b_{\text{hinten}}}{b_{\text{hinten}}} \quad \text{und nach Umformung:}$$

$$(4)\quad L = \frac{2 \cdot b_{\text{vorne}} \cdot b_{\text{hinten}}}{b_{\text{vorne}} + b_{\text{hinten}}} = 8\,\text{cm}\,.$$

Mit Gl. (4) folgt aus Gl. (3):

$$(5)\quad d = \frac{b_{\text{vorne}} - L}{b_{\text{vorne}}} \cdot D = \frac{10 - 8}{10} \cdot D = \frac{D}{5} = 2\,\text{mm}\,.$$

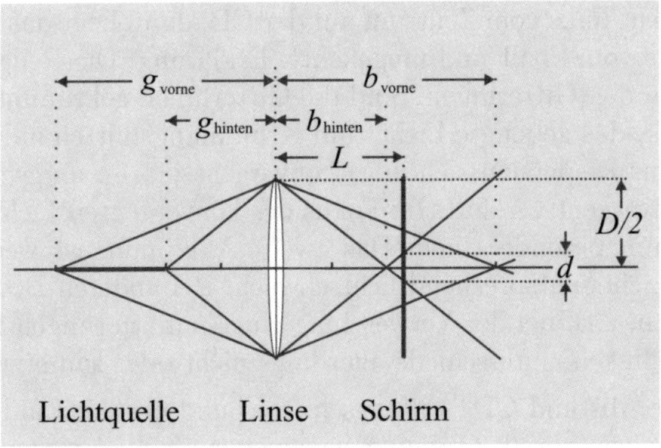

Abb. 2:

L–4.11* CD als Reflexionsgitter

Die experimentelle Aufgabe kann auf verschiedenen Wegen und mit verschiedenen Materialien bearbeitet werden. Die Musterlösung kann nur das Prinzip deutlich machen.

Als Lichtquelle können die Sonne, eine Taschenlampe oder sogar eine Kerze verwendet werden. Eine mögliche Anordnung ist folgende:

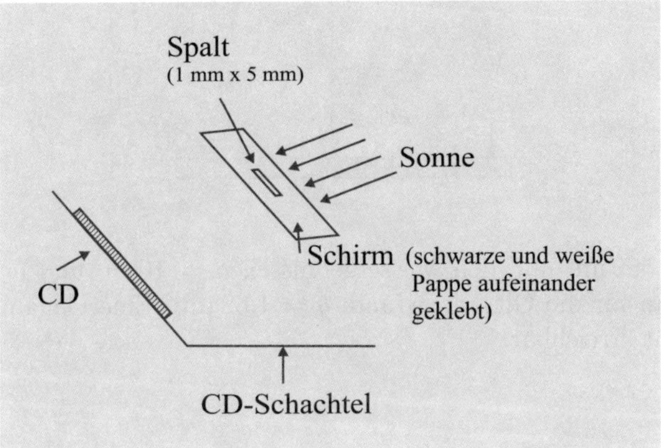

Durch einen schmalen Spalt fällt das Sonnenlicht auf die CD. Schirm und CD werden so justiert, dass der Lichtfleck auf der CD tangential zur Tonspur liegt und die 0. Ordnung direkt auf den Spalt reflektiert wird. Auf der weißen Rückseite des Schirms sind – links und rechts vom Spalt – die beiden Maxima 1. Ordnung zu sehen. Die Maxima sind bei dieser Anordnung unterschiedlich hell: Befindet sich der Lichtfleck des Spaltes in der Draufsicht links vom Zentrum auf der CD, dann liegt das hellere Maximum links vom Spalt und umgekehrt. Erklärung: Die Beugung erfolgt senkrecht zu den Gitterlinien. Sind die Gitterlinien gekrümmt, so bedeutet dies, dass das gebeugte Licht zum Krümmungsmittelpunkt hin (aber senkrecht zur Dispersionsrichtung) konvergent und in entgegengesetzter Richtung divergent verläuft. Im Fokus des konvergenten Lichts erscheint das Spektrum besonders hell. Das zweite Maximum ist wegen des divergenten Lichts entsprechend lichtschwach. Bei anderen Beobachtungsanordnungen, z.B. bei der Verwendung einer punktförmigen Lichtquelle, sind die Helligkeitsunterschiede allerdings nicht oder kaum zu sehen.

Es wird der Abstand CD–Auffangschirm d und der Abstand des gelben Spektralbereichs zur 0. Ordnung a gemessen (gelb hat den schärfsten Spektralbereich). Für das Beugungsmaximum 1. Ordnung gilt beim Gitter $\sin\alpha = \lambda/g$, wobei g die Gitterkonstante ist. Aus dem Versuchsaufbau erhält man $\sin\alpha = a/\sqrt{a^2 + d^2}$.

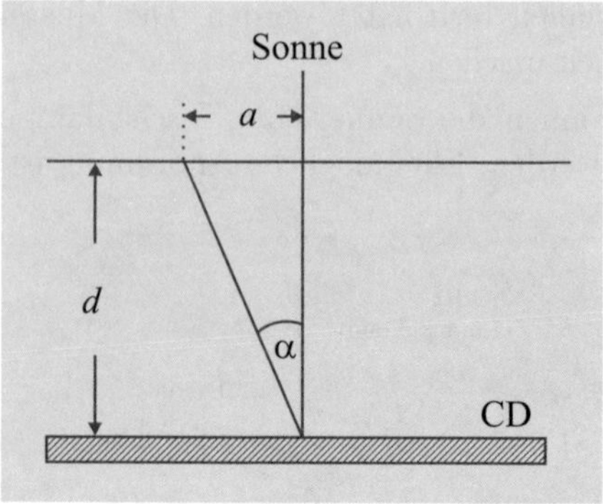

Mit $\lambda = 590\,\text{nm}$ und den Messergebnissen $d = 10\,\text{cm}$ und $a = 3{,}9\,\text{cm}$ erhält man für die Gitterkonstante $g = 1{,}62\,\mu\text{m}$. Eine Genauigkeit von $5\,\%$ ist gut erreichbar.

L–4.12* Brechzahl von Wasser

a)

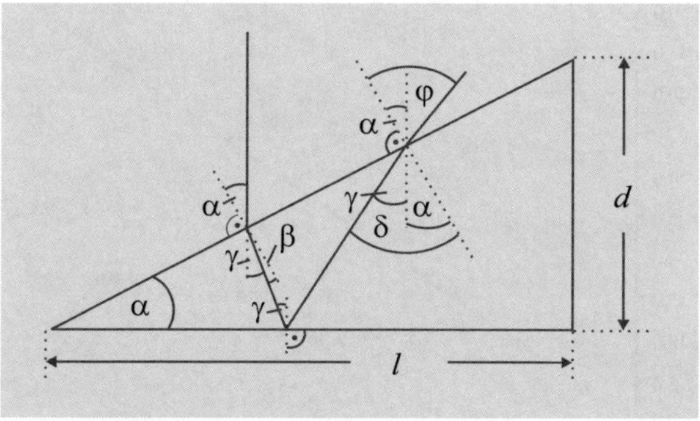

Für kleine Winkel kann man setzen:

(1) $\dfrac{\alpha}{\beta} \approx n\,, \quad \dfrac{\varphi}{\delta} \approx n\,, \quad \alpha \approx \dfrac{d}{l}\,.$

Der austretende wird gegenüber dem einfallenden Strahl um $\varphi - \alpha$ abgelenkt. Wenn das Bild um den Streifenabstand s ausweicht, gilt für kleine Winkel

(2) $\varphi - \alpha = \dfrac{s}{h}$ bzw. mit Gl. (1): $\varphi = \dfrac{s}{h} + \dfrac{d}{l}\,.$

φ ist noch durch die gegebenen Größen auszudrücken. Mit $\alpha = \gamma + \beta$ und $\delta = \gamma + \alpha$ erhält man:

(3) $\varphi = n\delta = n(\gamma + \alpha) = n(2\alpha + \beta) = n\left(2\alpha - \dfrac{\alpha}{n}\right)\,,$

(4) $\varphi = \alpha(2n - 1) = \dfrac{d}{l}(2n - l)\,,$

(5) $\dfrac{d}{l}(2n - 1) = \dfrac{s}{h} + \dfrac{d}{l}$ bzw. durch Umformen: $n = \dfrac{sl}{2dh} + 1\,.$

b) Messwerte für $s = 5\,\text{mm}$ und $d = 1{,}25\,\text{mm}$:

$l\,/\,\text{cm}$	7,0	6,5	6,0	5,5	5,0	4,5	4,0	3,5	3,0
$h\,/\,\text{cm}$	46,4	44,0	41,1	37,3	33,9	30,8	26,9	23,1	19,5

c) Es wird zweckmäßigerweise h über l dargestellt.

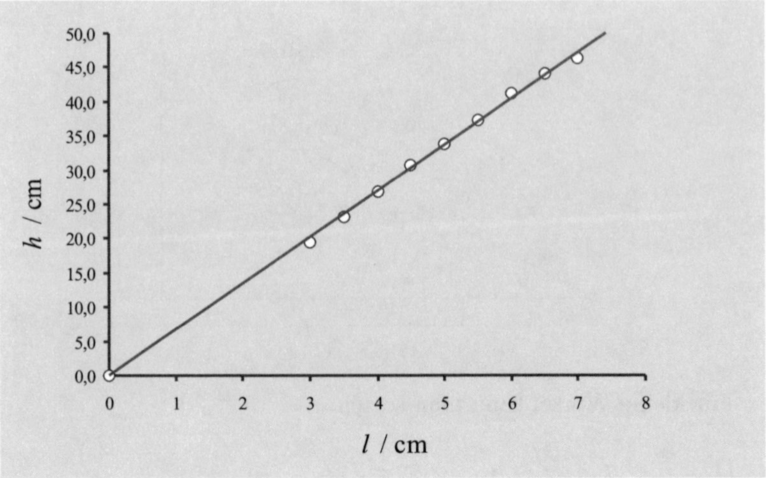

d) Die Funktionsgleichung des Graphen ist

(6) $h = \dfrac{s}{2d(n-1)l}$.

Für die Steigung gilt:

(7) $\dfrac{h}{l} = \dfrac{s}{2d(n-1)} = 6{,}74$.

Daraus erhält man:

(8) $n = \dfrac{s}{2d \cdot 6{,}74} + 1 = 1{,}30$.

Der tatsächliche Wert ist 1,33.

h kann auf etwa $\pm 0{,}5$ mm genau eingestellt werden; l lässt sich auf $\pm 0{,}5$ mm genau bestimmen. Trägt man Fehlerbalken in dem Graphen ein, so sieht man, dass die Steigung sich auf etwa $\pm 2\,\%$ genau ermitteln lässt. Dies ist jedoch der kleinste Teil des Fehlers, denn die Genauigkeit der Werte von s und d wird kaum besser als $\pm 5\,\%$ sein. Man kann also erwarten, dass gilt:

(9) $0{,}26 < n - 1 < 0{,}34$.

Ein unter Umständen beträchtlicher systematischer Fehler kann auftreten, wenn d nicht mit der gemessenen Dicke des Drahtes identisch ist, weil z.B. der Draht nicht gerade ist oder die Glasplatte nicht fest auf dem Spiegel aufliegt (leicht andrücken!).

Stichwortverzeichnis